TÍTULO
PSICOLOGÍA BÁSICA PARA CIENCIAS DE LA SALUD

AUTOR
FERNANDO CALVO FRANCÉS

ISBN - 10: 84-616-5795-0
ISBN - 13: 978-84-616-5795-7

A todas mis alumnas y alumnos actuales y pasados. A las compañeras y compañeros que siempre me han alentado y animado. Y los amigos, el tesoro de la vida.

Capítulo 1.

Psicología y Psicología de la Salud

1.1. Definición de Psicología

Podemos definir a la psicología como la ciencia que estudia la conducta y los procesos mentales de las personas. Por conducta se entiende toda aquella actividad observable (hablar, comer, desplazarse, gesticular, elegir, comprar, etc.) y mensurable que el ser humano lleva a cabo dentro de los distintos entornos, sociales y físicos, con los que interactúa. Por proceso mental entendemos las actividades psicológicas privadas como pensar, percibir y sentir. La conducta puede ser propositiva (orientado a metas) y respondiente (reacción a estímulos). Tiene carácter instrumental, en el sentido de que con ella la persona opera en el medio para adaptarse, cubrir sus necesidades y sobrevivir. El estudio de la conducta y los procesos mentales se focaliza en sus determinantes (elicitadores, activadores, directores y mantenedores) externos e internos y analiza sus niveles cognitivo, motor y fisiológico.

La psicología, además de centrarse en explicar tanto lo que las personas hacen o dicen (conducta), como lo que piensan y sienten (mente), también está interesada en las bases neurofisiológicas que dichas actividades y procesos implican. No obstante no debe confundirse esto último con la tendencia actual a reducir lo psíquico a lo neurológico y creer erróneamente que identificar una estructura neuroanatómica o un neurotransmisor implicados en alguna función, supone explicar la misma. Si bien, por ejemplo, las investigaciones han demostrado que las personas deprimidas poseen niveles bajos de serotonina en el cerebro, no estamos en condiciones de decir si es un efecto de la depresión o si es la causa de la depresión (puede incluso que ambas cosas sean ciertas). Usando el símil de la computadora, la base física del procesamiento (el hardware) proporciona el sustento, pero no explica lo que hacen los programas (el software). Obviamente una mayor capacidad de memoria o un procesador más rápido permiten más cosas, pero si las instrucciones del programa no lo aprovechan, de nada sirve y viceversa, un ordeandor limitado puede dar lo mejor con un buen sistema operativo. Y, evidentemente, con un hardware estropeado o roto, ningún programa puede funacionar. Dicho de otra manera, ante un lesión cerebral son obvios los problemas y trastornos comportamentales y emocionales subsiguientes.

1.2. La Psicología como ciencia

En el apartado anterior hemos utilizado la palabra *ciencia* en la definición de psicología. ¿Qué significa afirmar que la psicología es ciencia? Básicamente dos cosas: 1) su objeto de estudio se puede observar y medir con instrumentos específicos; 2) el conocimiento se construye aplicando el método científico.

El método científico se basa en la *replicabilidad* y la *refutabilidad*. El concepto de repricabilidad hace referencia a la capacidad de obtener los mismos resultados al ser repetido un experimento científico por otros investigadores en las mismas condiciones. Es decir, si empleamos los mismos elementos y seguimos los mismos pasos, debemos obtener los mismos resultados (con un posible margen de error). La *refutabilidad* es la propiedad que se puede atribuir a una teoría si de ella se puede derivar de manera lógica al menos una hipótesis que pueda demostrarse falsa mediante observación empírica. Dicho de otra manera, se pueden diseñar experimentos que pueden producir los resultados predichos, y, en caso de resultar distintos a los esperados, negar la hipótesis puesta a prueba. Esto se logra cuando las teorías se traducen en variables operativamente definidas que pueden ser medidas con *fiabilidad* (cuantificadas con precisión) y *validez* (cuantificadas con adecuación).

El conocimiento científico se va construyendo en un doble movimiento inductivo - deductivo. Inductivo, que va de los hechos particulares a afirmaciones de carácter general, y deductivo, que permite pasar de afirmaciones de carácter general (teorías) a hechos particulares verificables. El método científico se podría resumir en los siguientes pasos: 1) Observación; 2) Inducción; 3) Teorización; 4) Deducción (hipótesis); 5) Experimentación; 6) Demostración o refutación de la hipótesis, y, 7) Conclusiones. En la figura 1 se muestra de manera esquemática la representación del proceso del método científico.

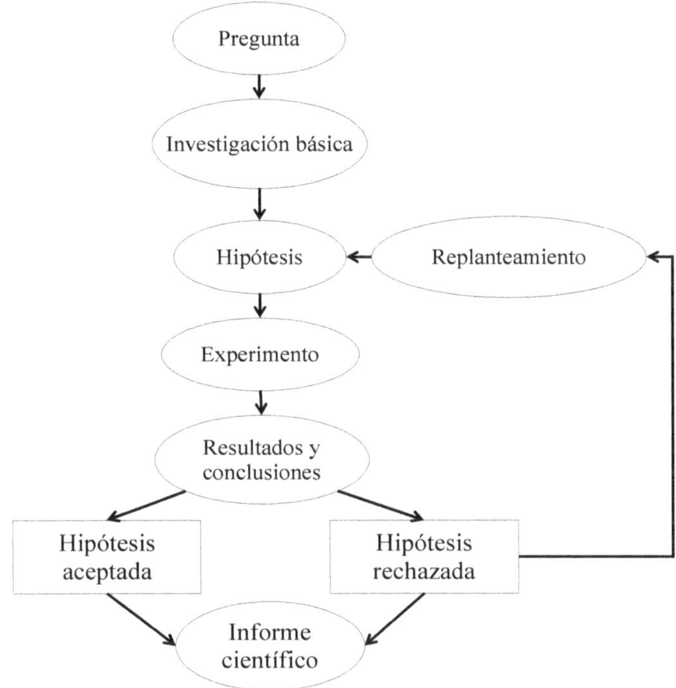

Figura 1. *Esquema del método científico*

A nivel metodológico la psicología como ciencia se ha abierto en las últimas décadas a la utilización de metodologías cualitativas de investigación.

1.3. Psicología y Salud

La salud no es concepto negativo (no tener enfermedad), sino positivo y las definiciones hoy vigentes subrayan su naturaleza biopsicosocial. Es un constructo multifactorial que implica nociones como las de bienestar, calidad de vida y funcionamiento óptimo, así como aspectos tanto subjetivos como objetivos. Una persona saludable es aquella que se percibe así misma con una buena calidad de vida, disfruta de equilibrio psíquico, está satisfecha con su nivel de apoyo, se encuentra integrada socialmente, funciona adecuadamente y con independencia en sus distintos ámbitos (laboral, familiar, social) y sus parámetros fisiológicos se encuentran dentro de los valores normales.

La salud es más un proceso que un estado y, por tanto, siempre cambiante. Es la resultante de la interacción compleja de influencias genéticas, psicológicas y factores ambientales (económicos, culturales, sociales, físicos y del sistema sanitario).

Ya en la filosofía griega clásica, como por ejemplo con el modelo tipológico de los cuatro humores (flemático, colérico, sanguíneo y melancólico), se reconocía la conexión entre variables psicológicas y diferentes procesos morbosos y sostenían un criterio holístico en la consideración de la salud y la enfermedad. Pero la investigación actual ha contrastado de manera científica dicha relación. Existe una consistente evidencia de que determinados hábitos de vida (fumar, mala alimentación, sedentarismo), las emociones (la ira, la ansiedad), las actitudes (el pesimismo), la personalidad (el patrón de conducta tipo A), los y otras características psicológicas, condicionan la salud.

Este tipo de consideraciones ha dado lugar a la génesis del modelo bio-psico-social de la salud. Dicho modelo postula que la salud y la enfermedad son el resultado de la interacción de factores biológicos, psicológicos y sociales, y que, por tanto, apoyado en la teoría de sistemas, es necesario tener en cuenta estos tres niveles de análisis a la hora de considerar los determinantes de una enfermedad y su tratamiento.

Con esto no se está diciendo que los factores psicológicos sean necesariamente la causa de la enfermedad física. Lo que se está exponiendo es que dichos factores juegan siempre un papel, de peso variable según la patología, en el proceso salud-enfermedad, sea como factores de riesgo, como precipitantes, como moduladores o mediadores, como efecto y, como no, también como causa en alguna de ellas. Son factores psicológicos que pueden influir en la pérdida de la salud: los trastornos mentales, los síntomas psicológicos, los rasgos de personalidad o estilos de afrontamiento, las conductas desadaptativas relacionadas con la salud, las respuestas fisiológicas asociadas al estrés, y otros factores no especificados (p.e., demográficos, socioculturales, interpersonales, etc.).

Varias son las vías a través de las que los factores psicológicos pueden afectar adversamente a una condición médica. Los factores psicológicos pueden: alterar el curso de una enfermedad (lo cual puede ser inferido por una estrecha asociación temporal entre los factores psicológicos y el desarrollo, exacerbando o retrasando la recuperación de la condición médica general), interferir con el tratamiento de la condición médica general (por ejemplo reduciendo la adherencia al tratamiento médico), ser un factor de riesgo adicional para la salud del individuo (por ejemplo, conducta bulímica en un paciente con diabetes asociada a exceso de peso), y precipitar o exacerbar los síntomas de una condición médica general a través de respuestas fisiológicas asociadas al estrés (por ejemplo, causando broncoespasmo en personas con asma). A modo de ejemplo pensemos en la Cardiopatía Isquémica o el Infarto de Miocardio: la depresión mayor (trastorno mental) afecta adversamente a su pronóstico; los síntomas de ansiedad (síntomas psicológicos) afectan negativamente a su curso y severidad; el rasgo de hostilidad (pesonalidad) y la conducta de fumar (conducta desadaptativa) actúan como factores de riesgo incrementado su probabilidad; por último la respuesta de estrés que supone el incremento general de la respuesta cardiovascular puede precipitarlo.

En este contexto es importante resaltar la idea de los factores psicológicos como variables (en el sentido estadístico de la palabra). En primer lugar porque el término ya nos señala su mensurabilidad, y en segundo lugar porque también indica que dichos factores pueden ejercer funciones diferentes, como variables independientes, dependientes, moduladoras, etc.

En resumen, podemos decir que cualquier enfermedad, de una u otra manera, implica en su devenir alguno (o quizá todos) de los siguientes aspectos:

1. Una *responsabilidad conductual*. Una parte significativa de nuestro repertorio comportamental determina nuestra salud. Según lo que comamos o dejemos de comer, la actividad física que hacemos o el sedentarismo, los hábitos tóxicos, etc. nuestra salud se promueve o deteriora.
2. Unos *antecedentes* (causales, coadyuvantes, etc.) y *consecuentes* psíquicos. Nuestra personalidad, las actitudes ante la vida, nuestra motivación, la presencia de problemas emocionales o trastornos mentales, actúan como factores promotores de la salud o de su deterioro. Pero además, cuando la enfermedad hace acto de presencia, sus características (intensidad, cronicidad, gravedad, etc.) pueden generar efectos en el ámbito de lo psíquico, como el estrés, la inestabilidad emocional, el cambio de valores, etc.
3. Una *psicodinamia* propia. Ante la enfermedad, la persona pone en marcha procesos de adaptación, como los mecanismos de defensa y los estilos de

afrontamiento, de manera idiosincrática, que pueden ser más o menos ajustados y eficaces, y que actúan mediando y moderando la propia patología, para bien y para mal, dependiendo del caso.

Insistimos en que una misma variable psicológica podría, dentro del proceso salud - enfermedad, desempeñar distintas funciones. Así, por ejemplo, fumar es una responsabilidad conductual, pero podría suceder que la conducta de fumar se incrementara, a modo de estrategia de afrontamiento, a consecuencia de una mala noticia médica, o que fuera un mecanismo compensatorio de los efectos secundarios de la medicación (como ocurre con los esquizofrénicos y los fármacos antipsicóticos).

A modo de ejemplo de lo que venimos exponiendo, en la figura 2 se muestra un modelo explicativo de la hipertensión esencial o idiopática (que constituyen más del 90% de los diagnósticos de hipertensión) en el que se muestran una serie de variables psicológicas relevantes en el el establecimiento de dicha patología.

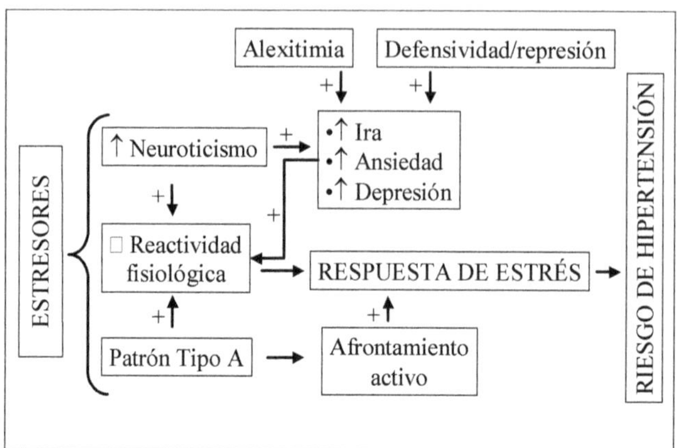

Figura 2. *Propuesta de modelo psicológico de predisposición a la hipertensión*

Resumidamente diríamos que hipotetizamos que el sujeto hipertenso sería una persona competitiva y apresurada (Tipo A), que muestra una activación emocional lábil (neuroticismo) y negativa intensa (ansiedad, depresión, ira) ante el estrés, que en él tiende a cronificarse, y que además tiene problemas a la hora de expresar y aceptar sus emociones (defensividad, represión) e inclusive dificultades en su reconocimiento vivencial (alexitimia), pero que muestra, a nivel fisiológico, una intensa activación. Todos estos elementos se conjugan para, a través de un fracaso homeostático, establecer una elevada tensión arterial a nivel crónico.

1.3. Psicología de la Salud

La Psicología de la Salud se constituyó en 1978 como Área con su propia división (la División 38) dentro de la APA (Asociación Americana de Psicología). La psicología de la salud nace dentro de un modelo biopsicosocial según el cual la enfermedad física es el resultado no sólo de factores médicos, sino también de factores psicológicos (emociones, pensamientos, conductas, estilo de vida, estrés) y factores sociales (influencias culturales, relaciones familiares, apoyo social, etc.). Todos estos factores interactúan entre sí para dar lugar a la enfermedad. La Psicología de la Salud forma parte del mismo curso de la Psicología. Podríamos decir que se trata de una ampliación de la Psicología Clínica, interesada en el ámbito específico de la salud mental, hacia el de la salud en general. La psicología clínica se aplica al ámbito de los trastornos mentales (psicosis, esquizofrenias) y emocionales (ansiedad y depresión, principalmente), campo que coincide con el psiquiátrico. La Psicología de la Salud va más allá, abarcando la salud en general.

La psicología de la salud puede definirse como la confluencia de las contribuciones específicas de las diversas parcelas del saber psicológico (psicología clínica, psicología básica, psicología social, psicobiología), tanto a la promoción y mantenimiento de la salud como a la prevención y tratamiento de la enfermedad. El contexto de estos aspectos psicológicos de la salud incluye muchos sistemas sociales dentro de los cuales existen los seres humanos (familia, contexto laboral, organizaciones, comunidades, sociedades y culturas).

Resumidamente son características de la Psicología de la Salud:

1. Ser una rama aplicada más dentro de la psicología.
2. Incorporar todos los conocimientos científicos que la psicología aporta para la comprensión del proceso salud/enfermedad.
3. Ocuparse prioritariamente del estudio del comportamiento normal de las personas en el proceso salud/enfermedad, siendo su eje vertebrador la salud positiva, la promoción y los comportamientos de salud y el control de riesgo.

4. Ocuparse también del comportamiento de los profesionales de la salud dentro del proceso de la salud.

1.4. Referencias

American Psychiatric Association. (2000). *Diagnostic and statistical manual of mental disorders* (4th ed., text rev.). Washington, DC: Author.

Amigo, I., Fernández, C., & Peréz, M. (2009). *Manual de Psicología de la Salud, 3ª ed.* Madrid: Pirámide.

Bayes, R. (1992). Aportaciones del análisis funcional de la conducta al problema del Sida. *Revista Latinoamericana de Psicología, 24,* 1, 35-56.

Bykov, K.M. & Kurtsin, I.T. (1968). Patología Córtico-Visceral. Madrid: Atlante.

Calvo, F. (Ed.) (2002). *Investigaciones en Psicocardiología.* Las Palmas de Gran Canaria: Colegio Oficial de Psicólogos.

Costa, M., & López, E. (2008). *Educación para la salud: guía práctica para promover estilos de vida saludables.* Madrid: Pirámide.

Engel, G. (1977). The need for a new medical model: A challenge for biomedicine. *Science, 196,* 129-136.

Hamberg, D.A., Elliot, G.R. & Parron, D.L. (1982). *Health and behavior: frontiers of research in the behavioral sciences.* Washington, D.C.: National Academy Press.

Remor, E., Arranz, P. & Ulla, S. (Eds.) (2003). *El psicólogo en el ámbito hospitalario.* Bilbao: Desclée de Brouwer.

Rodríguez Marín, J., & Neipp López, M. C. (2008). *Psicología Social de la Salud.* Madrid: Síntesis.

Salleras, L.S. (1985). *Educación sanitaria. Principios, métodos, aplicaciones.* Madrid: Díaz de Santos.

Simon, M. (1999). *Manual de Psicología de la Salud.* Madrid: Biblioteca Nueva.

Capítulo 2.

Psicología general y procesos psicológicos

2.1. Introducción

El objetivo principal de este capítulo es describir los conocimientos (principios y procesos) de la Psicología que consideramos relevantes y necesarios para los profesionales de la salud. No tratamos de realizar una revisión crítica y profunda de los mismos, sino una exposición básica, destacando su directa aplicación y valor práctico para los profesionales sanitarios.

Trataremos de las siguientes áreas claves: personalidad, aprendizaje, motivación, emoción, cognición, actitudes y factores ambientales.

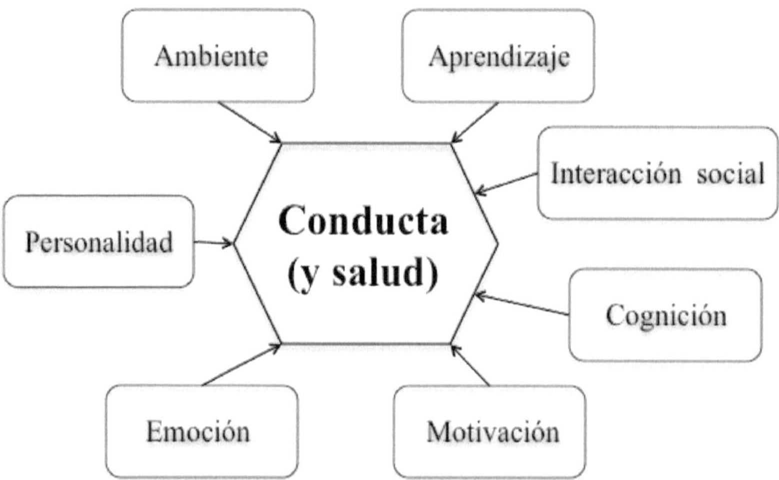

Figura 1. *Conceptos clave de la Psicología aplicados a las Ciencias de la Salud*

Conocer por tanto estos principios y procesos psicológicos nos ayudará a comprender a su vez mejor el proceso salud-enfermedad. Ya que, como iremos descubriendo, ciertos rasgos y patrones de personalidad nos predisponen a la pérdida de la salud mientras que otros la favorecen; determinadas actitudes y creencias están en la base de la ansiedad y la depresión; y estos procesos emocionales a su vez contribuyen a aumentar el riesgo de otras patologías físicas, como por ejemplo las cardiovasculares; los malos hábitos se aprenden, igual que los hábitos saludables; el poco atractivo de ciertos *accesos* a la salud se traduce en falta de motivación; y por último nuestro contexto socio-cultural puede imponer modas, tanto saludables como todo lo contrario (modelos y actrices de tipología anoréxica). Conozcamos pues los mecanismos explicativos de la conducta.

2.2. Personalidad

2.2.1. Definición

Son muchas las definiciones de personalidad. Intentaremos, desde nuestra perspectiva, sintetizar una posible definición integrativa y práctica. Personalidad sería el conjunto de patrones relativamente estables (innatos y adquiridos), característico de cada individuo, de pensar, sentir, y comportarse ante las distintas situaciones, que permite efectuar un pronóstico sobre el comportamiento que adoptaría una persona en una determinada circunstancia. O dicho de otro modo, es la estructura de patrones distintiva y organizada del individuo que caracteriza sus comportamientos de adaptación individual a los determinados ambientes y que, desde su formación, muestra una estabilidad muy grande a lo largo de toda la vida.

Hablamos de un constructo que hace referencia, no sólo al estilo de conducta, sino también a la relativa constancia del mismo a la hora de interaccionar con el medio. La personalidad es un concepto integrador que incluye motivos, actitudes, valores, emociones, inteligencia, etc., organizados en factores denominados rasgos de personalidad (p.e. introvertido, suspicaz, etc.), y describe los modos habituales de responder de los individuos a situaciones heterogéneas. Así pues, la personalidad abarca toda la esfera psicológica del individuo (conducta manifiesta, procesos emocionales, afectivos, cognitivos y motivacionales) y hace referencia a características relativamente estables y duraderas. En este sentido se entiende como la base para la predicción de la conducta de las personas (que es lo más probable que una persona concreta hará en una situación determinada).

2.2.2. El modelo Big Five

Son muchas también las aproximaciones teóricas al estudio de la Personalidad. Siguiendo nuestro criterio pragmático de selección, hemos optado por presentar el modelo que, como marco teórico, actualmente está generando la mayor parte de la investigación científica sobre la personalidad. Se trata del modelo de los Cinco Factores o Big Five.

De acuerdo al modelo existen cinco grandes factores de personalidad, a saber: factor N (*Neuroticismo* o inestabilidad emocional), factor E (*Extraversión* o extroversión), factor O (apertura a nuevas experiencias, del inglés *Openness*), factor A (*Amabilidad*) y factor C (responsabilidad, del inglés *Conscientiousness*). El factor O a veces se denomina *Intelecto*. A su vez, cada uno de estos factores está compuesto por seis facetas. Por ejemplo, el factor E incluye cualidades como la sociabilidad, la búsqueda de emociones o las emociones positivas. Cada factor representa una dimensión con dos polos opuesto. Resumidamente:

1. *Extraversión* (energía, entusiasmo): presencia o falta de sociabilidad, gregarismo, asertividad, comunicatividad. Se compone de las siguientes seis facetas: cordialidad, gregarismo, asertividad, actividad, búsqueda de emociones y emociones positivas. Los dos extremos se caracterizan por:

- *Extraversión alta:* Alta sociabilidad, preferencia a estar en compañía, atrevimiento en situaciones sociales, poca tolerancia a la soledad. Predisposición a experimentar emociones positivas (alegría, satisfacción, bienestar, excitación). Son asertivos, activos y habladores. Animados, enérgicos, emprendedores y optimistas. Necesitan estimulación y busca sensaciones nuevas y variadas.
- *Extraversión baja:* Reservados más que antipáticos, poco dependientes de los otros, preferencia por lo conocido y lo habitual. A menudo prefieren estar solo que en situaciones sociales muy animadas, y no son necesariamente introspectivos ni infelices. En situaciones de círculos reducidos de amigos, pueden ser tan divertidos o habladores como los extravertidos.

2. *Neuroticismo* (afecto negativo, nerviosismo): indicadores de estabilidad/inestabilidad emocional. Se compone de las siguientes seis facetas: Ansiedad, hostilidad, depresión, ansiedad social, impulsividad y vulnerabilidad. Los dos extremos se caracterizan por:

- *Neuroticismo alto:* Predisposición a los estados emocionales negativos (ansiedad, miedo, tristeza, vergüenza, ira, asco). No es patológico, pero estas personas tendrían una mayor probabilidad de desarrollar trastornos emocionales, debido a la interpretación negativa de las situaciones, a la propia reactividad emocional negativas y al la dificultad de afrontar el estrés.

- *Neuroticismo bajo:* Normalmente calmados, equilibrados y relajados. Afrontan situaciones de estrés sin experimentar una exagerada preocupación. Difícilmente sentirán que pierden el control o el ajuste.

3. *Apertura a la experiencia* (originalidad, abierto de mente). Se compone de las siguientes seis facetas: fantasía, estética, sentimientos, acciones, ideas y valores. Los dos extremos se caracterizan por:

- *Apertura alta:* Curiosidad por el mundo interno y externo. Participan de nuevas ideas y de valores no convencionales. Experimentan las emociones positivas y negativas con mucho interés. Originales y creativos.
- *Apertura baja:* Convencionales y conservadores, pero no necesariamente autoritarios o intolerantes. Preferencia por lo familiar. Las expresiones emocionales son poco intensas y no consideradas como especialmente interesantes. Rango de intereses muy restringido.presencia o falta de imaginación, creatividad, flexibilidad intelectual, sensibilidad, y apertura a lo nuevo.

4. *Amabilidad* (cordialidad, altruismo, afecto): presencia o falta de comportamientos corteses, flexibles, confiados, cooperativos, no rencorosos y tolerantes. Se compone de las siguientes seis facetas: confianza, franqueza, altruismo, actitud conciliadora, modestia y sensibilidad a los demás. Los dos extremos se caracterizan por:

- *Amabilidad alta:* Altruistas, compasivos y ganas de ayudar, disposición que también esperamos encontrar en los otros (facilita las relaciones interpersonales, como la E).

- *Amabilidad baja:* Egocéntricos y escépticos sobre las intenciones de los demás, más competitivos que cooperativos.

5. *Responsabilidad* (Concienzudo, control): presencia o falta de formalidad, cuidado, orden, responsabilidad, organización y perseverancia. Se compone de las siguientes seis facetas: competencia, orden, sentido del deber, necesidad de logro, autodisciplina y deliberación. Los dos extremos se caracterizan por:

- *Responsabilidad alta:* Importancia de las metas y la voluntad de conseguirlas (éxito académico y laboral). Escrupulosos, puntuales y fiables. Reflexivos y baja necesidad de estimulación.
- *Responsabilidad baja:* Poca importancia en cumplir con los valores y normas sociales (baja socialización). Más interés en vivir el presente que el conseguir metas. Alta impulsividad y búsqueda de sensaciones

2.2.3. Personalidad y salud

Sin ánimo de exhaustividad tan sólo mencionaremos algunos ejemplos altamente significativos. Tienen una relevancia especial en el campo de la salud los estudios que relacionan determinados tipos o perfiles de personalidad con las diferencias individuales de reaccionar y enfermar ante la presencia de estrés.

La relación entre personalidad (tipos y perfiles) y el proceso salud-enfermedad se postula de acuerdo a tres posturas: a) la personalidad predispone al individuo hacia una mayor morbilidad general (p.e. la personalidad inhibida y con tendencia a la depresión disminuye la inmunocompetencia del individuo haciéndole más vulnerable a las infecciones); b) la personalidad lleva a adoptar conductas de riesgo (estilos de vida no saludables) que pueden afectar el estado de salud (p.e. los *buscadores de sensaciones* llevan asociados a su forma de comportarse un mayor riesgo de lesiones físicas e incluso de afecciones derivadas del consumo de drogas, alcohol y tabaco); y, c) determinados patrones de personalidad aumentarían la susceptibilidad del individuo frente a afecciones específicas (p.e., el Patrón tipo A predispone a la enfermedad arterial coronaria). No siendo dichas posturas mutuamente excluyentes.

La investigación ha aportado datos significativos, algunos procedentes de estudios longitudinales, que sugieren una estrecha conexión entre distintos tipos de personalidad (Tipo C y el Tipo A) y la ocurrencia de muerte diferencial por cáncer o cardiopatía coronaria. Así las personas Tipo C tienen una probabilidad mucho mayor de fallecer por cáncer, en contraste, las personas Tipo A es más probable que mueran por cardiopatía coronaria. Estas diferencias en muertes por tales enfermedades según el tipo psicosocial son aún más prominentes cuando se trata de grupos de personas sometidas a estrés psicosocial, es decir, cuando se tiene en cuenta la interacción entre el tipo personal y el estrés. Tal que esta relación, personalidad-patología, es mayor cuando se dan conjuntamente ambos fenómenos.

Describimos a continuación los tipos específicos. El Tipo C ó de *predisposición al cáncer,* se caracteriza por presentar un elevado grado de dependencia conformista respecto a alguna persona con valor emocional significativo (consideran a estas personas como lo más importante para su bienestar y felicidad) y, paradójicamente, inhibición para establecer intimidad o proximidad con dicha persona. Los Tipo C, ante situaciones estresantes, suelen reaccionar con sentimientos de desesperanza, indefensión, y tendencias a idealizar los objetos emocionales y a reprimir las reacciones emocionales abiertas. La pérdida o ausencia del objeto se mantiene como fuente de estrés, ya que la persona no se desvincula definitivamente de él, pero tampoco logra la proximidad/ intimidad necesaria. Predomina la hipo estimulación.

La persona Tipo A o con *predisposición a la cardiopatía coronaria* (CC) reacciona al estrés mediante excitación general, ira, agresividad e irritación crónicas. Tiende a evaluar de forma extrema a las personas perturbadores, soliendo fracasar en el establecimiento de relaciones emocionales estables. Las personas y situaciones importantes para el individuo suelen ser la causa principal de infelicidad, siendo valoradas emocionalmente como negativas y altamente perturbadoras. Este tipo predispone a la CC y a los ictus (infartos cerebrovasculares). Predomina la hiperexcitación.

Por último, el Tipo B o *saludable* es protector de la salud, posee un marcado grado de autonomía en su comportamiento. Estos individuos conciben la autonomía propia y ajena como el factor más importante para el bienestar y la felicidad personal. Afrontan el estrés de forma apropiada y realista, bien mediante estrategias de aproximación o evitación del objeto querido (permitiendo y aceptando, por tanto, la autonomía de dicho objeto). Predomina la autonomía personal.

Así que la personalidad no sólo predice la enfermedad, sino también la salud, como hemos visto con el Tipo B. Hablamos de salutogénesis. Muchas personas permanecen saludables a pesar de los eventos negativos de la vida. Son sujetos con potencialidades y virtudes (recursos de resistencia que les protegen) que en el intercambio con su entorno imprimen una característica positiva a sus emociones y dan lugar a una adecuada adaptación. Nos limitaremos a comentar algunos de estos constructos, en específico al *optimismo*, la *Personalidad Resistente*, la *autoestima* como componente del autoconcepto.

El *optimismo* consiste en una inclinación a tener expectativas favorables en la vida. Constituye un recurso de afrontamiento proveedor de esperanza y de posibilidades de superación de las condiciones más adversas, sea por sensación de control, por auto eficacia percibida o por una creencia específica de que alguien o algo van a permitir que el problema sea resuelto. A pesar de ser cognitivo esencialmente, también es portador de elementos emocionales. Es considerado por algunos autores como una variable disposicional de la personalidad, con cierta estabilidad. Según la Teoría de los Estilos Explicativos (la forma de explicarnos los eventos de nuestras vidas), para los optimistas los problemas serían externos, temporales y específicos, y las situaciones positivas internas, estables y globales. Por el contrario, para los sujetos con un estilo explicativo pesimista, la realidad es exactamente la inversa. El optimismo se ha comprobado que constituye un factor favorable para el afrontamiento a diversas situaciones adversas de la vida, en especial relacionadas con la salud, por el impacto positivo y fortalecedor que tiene en el sistema inmunológico.

El concepto de *Personalidad Resistente* tiene como basamento la imagen proactiva de la persona. La conducta humana es auto regulada, la persona se plantea metas, planes futuros, y es capaz de evaluar si se acerca o aleja de sus objetivos. A esta conducta relacionada con los planes futuros se le llama proactiva. La Personalidad Resistente sería una constelación de características de personalidad, aprendidas en las etapas más tempranas de la vida a partir de la vivencia de experiencias ricas, variadas y reforzadas en estos momentos (no es un rasgo inherente y estático) y que actúa como un recurso unitario de resistencia frente a los eventos vitales estresantes, en el sentido de que transforma a éstos en experiencias personales de desarrollo y crecimiento con significado y controlables, en vez de resultar amenazantes y debilitantes. Los componentes que constituyen este constructo de personalidad son los configurados por: compromiso, control, y desafío o reto:

- *Compromiso*: piensan en ellos mismos y en sus ambientes como algo interesante e importante.
- *Control:* creen que a través del esfuerzo pueden ejercer una influencia en lo que sucede a su alrededor.
- *Sentido del desafío:* creen que lo que mejora sus vidas es el cambio, el crecimiento y aprendizaje, en lugar de la comodidad y la seguridad de la estabilidad.

La investigación ha demostrado que los individuos que sufren altos niveles de estrés pero no desarrollan alteraciones físicas y/o psicológicas como consecuencia son aquéllos que muestran altos niveles de Personalidad Resistente, es decir, elevadas percepciones de compromiso control y desafío, mientras que los que sí desarrollan estas alteraciones bajo las mismas circunstancias son los que muestran bajos niveles en estas variables.

Las actitudes del sujeto consigo mismo o *autoconcepto*, constituyen un mecanismo auto regulador del sujeto que refleja el conocimiento que tiene de sí mismo mediatizado por el proceso de interacción social en las diversas áreas de relación. El autoconcepto está formado por diversos constructos: imagen corporal, identidad personal, autoestima, autoconciencia y auto eficacia. Todos presentan una coherencia y unidad interna. La imagen corporal se refiere más al aspecto físico, a la imagen que el sujeto tiene físicamente de su cuerpo; la identidad trasciende el aspecto físico y se refiere al reconocimiento de quién es realmente. Con la autoestima vivencia la aceptación que se tiene de sí mismo, constituye el componente afectivo, lo que siente en la relación con uno mismo; el autoconcepto sería el componente cognitivo, lo que piensa sobre sí mismo, y la autoeficacia el grado en que puede hacer las actividades y planes propuestos; es una creencia de que se es capaz de ejecutar exitosamente alguna conducta determinada para obtener un resultado esperado; tiene un componente cognitivo, pero también conductual. El adecuado autoconocimiento acompañado de una buena autoestima y elevada autoeficacia está favorablemente vinculado a la buena salud.

2.3. Emoción

Decir que la alegría, la ira, la sorpresa, la tristeza o el miedo son emociones, es algo perfectamente sabido. Cualquiera podría reconocer haber experimentado todos esos estados en propia carne. Pero cómo definir las emociones. Podríamos decir que cada emoción es una reacción afectiva específica de carácter transitorio (cambio temporal en el estado de ánimo), función de una evaluación cognitiva de una situación estimular externa e interna específica, de carácter complejo y multifactorial, que integra unos cambios concretos en la activación fisiológica (motora y vegetativa) asociados a una tipo de expresión gestual característica (facial y corporal), una vivencia subjetiva de intensa conmoción con marcado acento placentero o displacentero y una disposición para la acción propositiva en una dirección determinada.

Existen otras muchas definiciones de emoción. Son características comunes esenciales del concepto emoción:

a) Hay una situación estimular que provoca la reacción emocional.

b) Hay una vivencia consciente, con un tono positivo o negativo, que denominamos sentimiento.

c) Se produce una activación psicofisiológica a cargo del Sistema Nervioso Autónomo y las glándulas endocrinas más o menos intensa.

d) Se producen conductas motoras asociadas (temblar, huir, reír, etc.), más frecuentemente en la díada de aproximación/alejamiento.

e) Hay un reflejo expresivo en el rostro de carácter unívoco (una expresión reconocible para cada emoción).

f) Tienen un valor adaptativo (como parte de la comunicación humana).

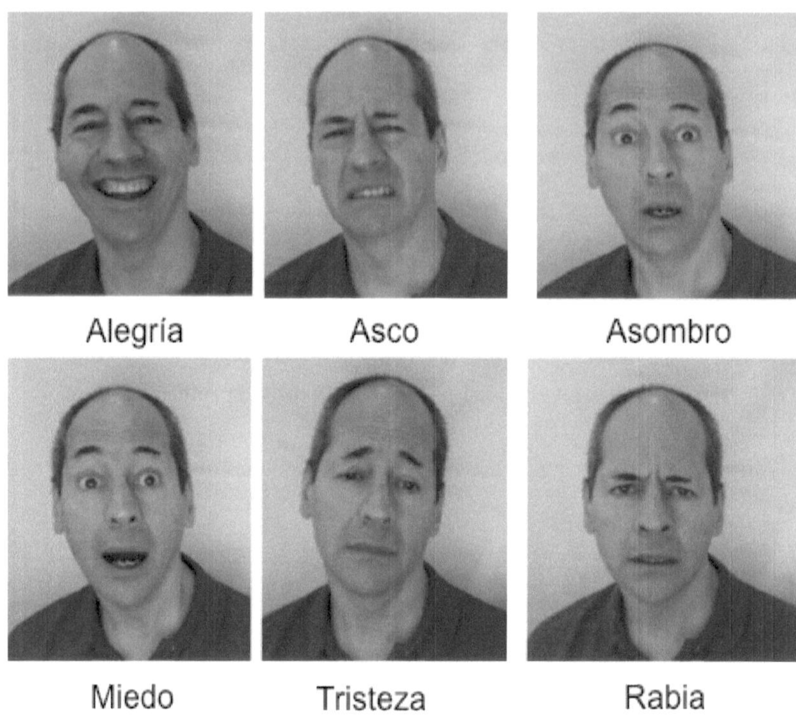

Figura 2. *Expresiones faciales de las emociones básicas (de izquierda a derecha y de arriba abajo): alegría, asco, asombro, miedo, tristeza e ira*

Se han considerado, con más o menos acuerdo, que las emociones humanas básicas son de tres tipos: negativas, positivas y neutras.

Tabla 2. *Clasificación de las emociones básicas humanas en función de su tipología*

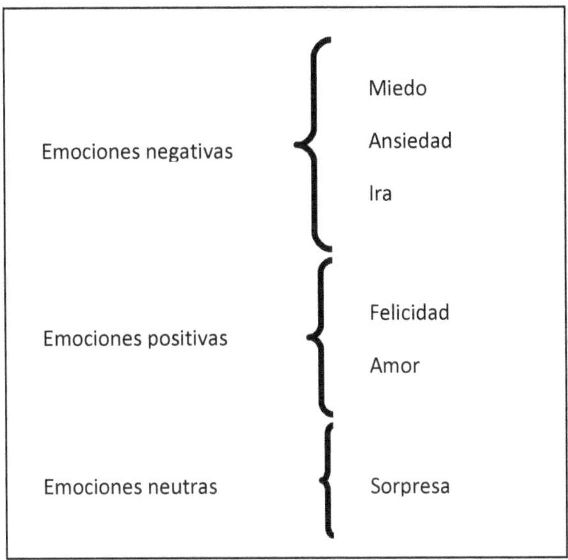

Las emociones básicas mantienen una relación unívoca con una determinada acción de la que son causa (por ejemplo, el miedo provoca la huida), están asociadas a una expresión facial concreta (risa, llanto, etc.), universalmente reconocida, y presentan un procesamiento cognitivo propio distinto al de las restantes emociones. El resto de los estados emocionales son estados complejos que derivan de diferentes combinaciones de las básicas. Las emociones básicas están asociadas a unos desencadenantes o sucesos valorados por la persona como significativos, a una forma concreta de valoración o procesamiento en términos de novedad, agrado/desagrado, significado, y posibilidad de afrontamiento.

Tabla 3. *Emociones básicas, situaciones estimulares que las desencadenan, vivencia subjetiva concomitante y forma de afrontar que impulsan*

EMOCIÓN	DESECADENANTES	EFECTOS	AFRONTAMIENTO
MIEDO	Estímulos concretos potencialmente nocivos física o psíquicamente.	Tensión y desasosiego.	Escape o evitación
IRA	Engaño, traiciones, abusos, restricción y/o obstáculos	Irritación, furia, enojo, rabia.	Ataque, auto defensa, y manejo de la Ira (hacia adentro, hacia fuera o control de la ira).
TRISTEZA	Separación, pérdida y fracaso.	Desánimo, melancolía, desaliento, apatía.	Reducción de la actividad, auto reflexión y búsqueda de cohesión social.
ASCO	Estímulos desagradables y repugnantes.	Náuseas, malestar gástrico, vómito.	Rechazo, alejamiento, evitación y escape.
FELICIDAD	Éxitos, logros y piropos.	Alegría, gozo, plenitud, sensación de bienestar.	Capacidad de disfrute, altruismo y empatía (compartir).
SORPRESA	Interrupciones y cambios bruscos inesperados y nuevos.	Mente en blanco, a la espera (¿Qué pasa?).	Respuesta de orientación, exploración, y curiosidad.

Las emociones ejercen dos funciones. En primer lugar pueden ejercer una función motivacional en tanto en cuanto se constituyen en motivo, en energía que mueve a la persona a actuar, a llevar a cabo determinadas conductas consumatorias. Así, por ejemplo, el asco nos mueve a rechazar. La otra gran función de las emociones es la comunicativa, a través del reconocimiento por el otro de la expresión propia identificable que cada emoción decíamos lleva asociada. La expresión de la emoción y su reconocimiento es sin duda el aspecto más importante de la comunicación no verbal, y es a su vez el portador de una parte muy significativa del mensaje, sino la más.

La relación de las emociones y la salud sería por un lado función de la cualidad de las mismas, tal que las emociones positivas (felicidad, alegría, amor) estarían asociadas generalmente a la buena salud, y las negativas a la pérdida de la salud. A su vez la relación de las emociones negativas con la salud vendría determinada por la intensidad de las mismas (a mayor intensidad mayores problemas), pero sobre todo a los problemas asociados a su expresión, tal que tanto la represión de las emociones negativas, como su excesivo protagonismo, podrían dar lugar al deterioro de la salud. Pero esto no es siempre así. Las emociones positivas, como la felicidad, en determinadas circunstancias y/o intensidad, pueden no ser saludables. Así, por ejemplo, las personas con unos niveles tónicos excesivos de felicidad experimentan en mayor número situaciones de riesgo (exceso de autoconfianza y optimismo) dando lugar a una probabilidad mayor de accidentes y muerte. Y las emociones negativas, por ejemplo el miedo, nos ayuda a evitar peligros y salvaguardar nuestra integridad. Probablemente el equilibrio, la idoneidad y la adecuada intensidad sea lo más saludable.

Más concretamente y dentro de las tipologías de personalidad comentadas, algunos aspectos emocionales se integran en dichos perfiles. Así, dentro de las personas vulnerables al cáncer, se describe el estilo represivo de comportamiento, que se manifiesta por un bajo nivel de comunicación/expresión de emociones negativas, un umbral muy alto para estímulos cargados emocionalmente, defensividad frente a estímulos estresantes y déficit de memoria de los sucesos negativos. Esta represión emocional trae como consecuencia un nivel de activación psicofisiológica alta, con una disminución de la inmunocompetencia, porque contener constantemente los sentimientos es en sí mismo estresante.

Investigaciones llevadas a cabo sobre los sobrevivientes de cónyuges que se suicidan o que son víctimas de accidentes automovilísticos, han constatado que quienes hablan y expresan sus sentimientos sobre la muerte de su cónyuge, tienen menos problemas marcados de salud física y emocional durante el año posterior a la muerte, que aquellos que no lo hicieron. Los estudios han demostrado que no hablar sobre los principales estresantes pasados o presentes de la vida (muerte, desempleo, accidente, divorcio, etc.) es un riesgo para la salud.

Por tanto la investigación sugiere que expresar pensamientos y sensaciones dolorosas puede ayudar a disminuir el riesgo de enfermedad. Las personas con una personalidad inhibida o un estilo de enfrentamiento represivo están en mayor riesgo. Normalmente son precavidos, moderados y rara vez revelan sus pensamientos y sentimientos más profundos. Pero debido a que estos individuos tienden a ansiar orden y ser predecibles, tienen una dificultad especial para ser flexibles, reconocer emociones y abrirse a otros cuando enfrentan un trauma. La inhibición crónica puede estar ligada al colesterol y presión arterial elevados, puede incrementar el riesgo de desarrollar ciertos trastornos del sistema inmunológico y, en el cáncer de seno, los pacientes pueden incrementar el riesgo de una muerte temprana. La inhibición extrema ha sido implicada con la gravedad de la diabetes, el asma, la anorexia, y umbrales de dolor perturbados.

Es saludable expresar abiertamente las emociones tanto positivas como negativas. Pero... ¡Ojo! Esto es distinto a forzar a hablar. Existe una creciente evidencia de que la comunicación repetida de estados negativos como tristeza o malestar puede hacer desaparecer la red de apoyo social del individuo, y que los posibles beneficios inducidos por la expresión verbal provocan rápidamente un efecto techo. Por ello, reincidir en la verbalización de un mismo acontecimiento, puede constituir una forma desadaptada de rumiación interpersonal, capaz de evocar constantemente el suceso, manteniendo la actividad negativa vinculada a éste.

En una posición aún más extrema se encuentra la *Alexitimia*. El significado literal del término es *sin palabras para las emociones.* Esta es precisamente una de las características más evidentes de las personas alexitímicas, su incapacidad para expresarse emocionalmente tanto a nivel verbal como a nivel expresivo. Esta falta de expresividad se vincula a la incapacidad para reconocer sus propias emociones, ya que les resulta imposible diferenciar entre sus sentimientos y sensaciones corporales. También presentan un pensamiento concreto y centrado en detalles y un déficit en imaginación y fantasía. La Alexitimia se encuentra asociada a múltiples y variados problemas de salud.

Es de destacar que, bajo todas estas descripciones de rasgos/tipos de personalidades salutogénicas o propiciadoras de salud descritas en el apartado anterior (tipo B, optimistas, etc.), se encuentra el manejo adecuado de las emociones, el predominio de emociones positivas, el saber utilizar las vías adecuadas para solucionar sus problemas y un buen sentido del humor.

2.4. Aprendizaje

El ser humano debe adaptarse a las modificaciones del ambiente para poder sobrevivir. Una de las formas de esta adaptación es la adquisición de nuevos tipos de comportamiento como respuesta a los cambios de situación. Se llama aprendizaje a la adquisición de nuevas formas de comportamiento, que se entrelazan y combinan con los comportamientos innatos, y que van apareciendo a medida que avanza la maduración del organismo, maduración que los posibilita aunque no los causa. De forma genérica pues, podríamos definir el aprendizaje como una modificación relativamente permanente en la actividad o comportamiento del organismo (ampliación, perfeccionamiento, destreza) ante una situación dada a causa de la experiencia (practica) del organismo en su entorno, y que no es debida a estados temporales del organismo (drogas, fatiga, etc.), a las tendencias reactivas innatas, ni a la maduración.

En este apartado del capitulo, el aprendizaje será examinado tanta desde una perspectiva comportamental como cognitiva. Por ello, y desde un marco cognitivo, debemos añadir a la definición dada, que es posible aprender también sin practica (experiencia no directa) y sin cambio de conducta, al menos observable, pues ejecución y aprendizaje no son necesariamente sinónimos. En este sentido más que del aprendizaje, deberíamos hablar de los procesos de aprendizaje, que forman un continuo que va desde los meramente pre-asociativos y asociativos, hasta los procesos cognoscitivos (figura 3).

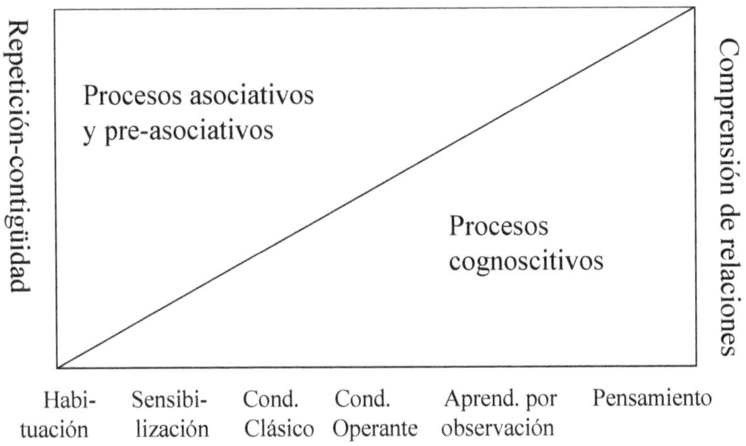

Figura 3. *El continúo de los procesos de aprendizaje*

2.4.1. El aprendizaje desde una perspectiva comportamental

2.4.1.1. Habituación y sensibilización

Los reflejos no ocurren del mismo modo cada vez que se presenta el estímulo elicitador. De hecho, la conducta elicitada puede mostrar una notable plasticidad. La fuerza de una respuesta elicitada puede disminuir o aumentar con la experiencia, a través de los mecanismos de *habituación* y *sensibilización*.

La regla es que la conducta no ocurre dos veces del mismo modo cuando se repite su estímulo elicitador. Dicha repetición a veces lleva a un descenso rápido y monotónico en la respuesta. Resumidamente:

a. Si el estímulo elicitador es suave puede sobresaltar a una persona las primeras veces que ocurre, pero la respuesta desaparecerá rápidamente. A este efecto se le denomina efecto de habituación.
b. Si el estímulo elicitador es intenso y desagradable resulta más difícil acostumbrarse a él, la respuesta se incrementa un tanto al principio y luego declina.
c. Si el estímulo elicitador es muy intenso, la repetición puede dar como resultado un aumento sostenido en la respuesta, y puede que, a medida que aumenta la exposición a dicho estímulo nunca fuese posible ignorarlo. A este efecto se le denomina efecto de sensibilización.

Por tanto una reducción en la capacidad del estímulo elicitador (E) para producir respuesta (R) se llama habituación (disminuye la R.). Si el cambio produce aumento en la disponibilidad para responder (en producir R.) se llama sensibilización (aumenta la R.). Habituación y sensibilización representan cambios de conducta ya a partir de la experiencia. Pero experiencia con un sólo E. por eso es aprendizaje pre-asociativo.

2.4.1.2. Contigüidad

El aprendizaje por contigüidad simultánea simplemente refiere que si dos acontecimientos ocurren juntos repetidamente se llegaran a asociar. Más tarde, cuando uno solo de los acontecimientos se presenta, el otro también será recordado. Esto se denomina aprendizaje por contigüidad y está en la base de prácticas tales como las matemáticas y las rutinas del lenguaje. Muchos de nosotros hemos tenido la experiencia del aprendizaje de hechos básicos en la escuela mediante el apareamiento repetitivo de un estímulo y su respuesta correcta, por ejemplo la tabla de multiplicar, las reglas de deletrear como "m siempre antes de b y p", y las capitales en geografía.

2.4.1.3. Condicionamiento clásico

Define la formación de una nueva asociación entre una respuesta conocida (que ya formaba parte del repertorio del sujeto) a un estímulo neutro a esa respuesta, ya que previamente no la provocaba, y ello debido a la repetida asociación entre los estímulos nuevo y antiguo. Es clásico el experimento en el que se induce a la salivación a un perro como respuesta al sonido de una campana por el repetido emparejamiento de dos estímulos, a saber; comida y campana. La teoría del condicionamiento clásico aparece ilustrada en la tabla 4.

Tabla 4. *Esquema del condicionamiento clásico*

1. Comida (estímulo incondicionado EI) -> Salivación (respuesta incondicionada RI). 2. Sonido de campana (estímulo neutro EN) + Comida (EI) -> Salivación. Finalmente: 3. Sonido de campana solo (EC) -> Salivación (respuesta condicionada RC).

Por estímulo incondicionado (EI) se entiende toda aquél que de forma innata (sin necesidad de aprendizaje) y automática provoca una reacción específica en el organismo. El estímulo condicionado (EC) es por el contrario aquél cuya asociación a una determinada reacción necesita ser aprendida, y que por tanto antes del proceso de aprendizaje funciona como estímulo neutro (no produce la reacción específica buscada). La respuesta incondicionada (RI) es la reacción que el organismo pone en marcha de forma innata, no aprendida, ante ciertos estímulos preprogramados genéticamente. Esta reacción (de igual o menor intensidad), o una porción de la misma, cuando se asocia a un estímulo nuevo para el que no estaba programada genéticamente se denomina respuesta condicionada (RC). La asociación que se ha de producir entre el EI y el EC para producir un condicionamiento (que la RI se dé en forma de RC al EC) supone que el EC preceda temporalmente al EI en un valor promedio de 0,5 sg.

Por tanto, mediante el condicionamiento clásico el individuo aprende a dar respuestas conocidas a nuevos estímulos, y estos estímulos (llamados antecedentes por ir antes de la conducta) son los que provocan la aparición de dicha conducta.

El condicionamiento clásico está basado sobre los principios de contigüidad y de contingencia; en otras palabras, en "si... entonces". Por contingencia se entiende la probabilidad de que un estímulo vaya acompañado de otro. No basta con que los dos estímulos (condicionado e incondicionado) se apareen espacio-temporalmente, la probabilidad de la asociación debe ser significativa. Si la asociación entre EC y EI es altamente improbable, no sólo no se dará un condicionamiento excitatorio, sino que se producirá un condicionamiento inhibitorio. Lo importante no es con cuanta frecuencia un EI sigue a un EC, sino en que medida es previsible que habiéndose presentado el uno aparezca el otro, y cuanto más previsible sea la asociación, más intensa será la respuesta condicionada.

Los profesionales de la salud a menudo aplican procedimientos dolorosos, como por ejemplo pinchar (para extraer sangre, hacer una punción, poner una inyección, etc.). La repetida asociación entre el pinchazo (EI) que produce dolor y rechazo (RI) con el propio profesional que lo aplica (EC) provocará que estas reacciones terminen por darse (RC) a esa persona. A menos que el sanitario conscientemente procure otras asociaciones a estímulos agradables. Las náuseas que siente el paciente de cáncer en la sala de espera de la quimioterapia, la hipertensión de bata blanca, o la ansiedad y el temor en la sala de espera del dentista son más ejemplos del condicionamiento clásico.

Claramente no todos los aprendizajes ocurren a través de este proceso. La mayoría de las veces las personas están activamente implicados en el proceso de aprendizaje, realizando constantemente acciones propositivas las cuales pueden tener consecuencias tanto agradables como aversivas. El condicionamiento instrumental u operante es el proceso de aprendizaje comportamental que incluye esas acciones propositivas.

2.4.1.4. Condicionamiento operante

El condicionamiento operante enfatiza el papel del reforzamiento (la recompensa) y el castigo en el aprendizaje. En un típico experimento de condicionamiento operante un animal hambriento (por ejemplo una rata) se coloca en una caja que no contiene nada excepto un dispensador de comida y una palanca. Después de corretear y explorar por la caja el animal casualmente en algún momento termina presionando la palanca, recibiendo inmediatamente como recompensa una bola de comida. El animal rápidamente aprende a asociar el presionar la palanca con la comida y consecuentemente incrementa esta respuesta particular, porque es la actividad reforzada.

Tabla 5. *Contingencias que pueden seguir a una conducta*

	ESTÍMULOS AVERSIVOS O DESAGRADABLES	ESTÍMULOS APETITIVOS O AGRADABLES
INTRODUCIR (+ POSITIVO)	**CASTIGO +**	**REFUERZO +**
QUITAR (- NEGATIVO)	**REFUERZO -**	**CASTIGO -**

La conducta seguida de consecuencias agradables, de recompensa (lo que se denomina refuerzo positivo) tiende a consolidarse y repetirse. La conducta seguida de consecuencias desagradables (lo que se denomina castigo) tiende a desaparecer, a extinguirse (véanse recuadros). En las tablas 5 y 6 resumimos los aspectos básicos del proceso de aprendizaje operante. Obsérvese que los conceptos positivo y negativo en este caso se toman en su sentido matemático (sumar y restar) y no moral (bueno y malo).

Tabla 6. *Efectos de las cuatro contingencias sobre la conducta*

	Aparece un estímulo aversivo o desagradable.	CASTIGO POSITIVO	La conducta disminuye de frecuencia o desaparece.
	Desaparece un estímulo agradable.	CASTIGO NEGATIVO	La conducta disminuye de frecuencia o desaparece.
Como consecuencia de una CONDUCTA			
	Aparece un estímulo agradable.	REFUERZO POSITIVO	La conducta se consolida o aumenta su frecuencia.
	Desaparece un estímulo desagradable	REFUERZO NEGATIVO	La conducta se consolida o aumenta su frecuencia.

En resumen, el comportamiento puede ser considerado como un emparedado entre dos tipos de influencias ambientales, aquellas que le preceden (sus antecedentes) y aquellas que le siguen (sus consecuencias). Lógicamente, por esa razón, si el comportamiento puede ser influido por sus antecedentes y sus consecuencias, puede ser alterado por algún cambio en dichos antecedentes y consecuencias, o en ambos.

Los antecedentes proporcionan información sobre que comportamientos son apropiados (o no) para una situación dada. En otras palabras, sirven para discriminar entre comportamientos que conducen hacia consecuencias apetitivas y comportamientos que conducen hacia consecuencias aversivas.

Así, por ejemplo, si un paciente muestra una conducta dirigida hacia su autocuidado, por mínima que sea, aprovecharemos la oportunidad para reforzar su conducta utilizando el elogio y la alabanza ("es estupendo que me haga esa pregunta, se ve que Vd. es una persona interesada en su salud"), incrementando así la probabilidad de que el comportamiento ocurra en el futuro en circunstancias similares.

Cuando la conducta deseada está lejos de ser emitida y no se observa en absoluto, acudiremos al procedimiento denominado moldeado o de aproximaciones sucesivas, reforzando aquellas conductas que mínimamente se dirijan en la dirección perseguida. Así, en una persona nada colaboradora, podemos empezar simplemente por reforzar cuando nos presta atención, intentando consolidar este primer paso. Posteriormente reforzaríamos cualquier gesto de asentimiento, etc. y así sucesivamente hasta lograr el objetivo final que es la colaboración.

2.4.2. El aprendizaje desde una perspectiva cognitiva

Los psicología cognitiva ha establecido que no somos meros receptores pasivos de los estímulos del medio, sino que procesamos activamente los datos que recibimos y los transformamos a nuevos formatos y categorías. El aprendizaje es un proceso de reestructuración que trabaja sobre nuestras representaciones de la realidad.

Una situación típica de aprendizaje cognitivo parte de una situación problema. Imaginemos por ejemplo una jaula de chimpancés con un racimo de plátanos colgado del techo fuera del alcance de los animales, y en el suelo varias cajas sueltas. Si quieren la recompensa habrán de desarrollar estrategias, o por ensayo y error, o mediante planificación. Los chimpancés necesitarán formar una plataforma con las cajas que se encuentran esparcidas por la jaula para poder alcanzar el racimo de plátanos. Si observamos a los chimpancés veremos que tras algún fallido intento no muy convincente de obtenerlos saltando, detienen su acción y observan los elementos presentes en la situación. Tras un tiempo observamos que empieza el movimiento, se dirigen directamente a las cajas y comienzan a apilarlas bajo el racimo. Podemos deducir, ya que no ha habido experimentación a través de ensayos y errores, que los chimpancés han empleado procesos cognitivos internos, reestructurando la situación para resolver el problema.

El aprendizaje cognitivo constituye la base para una eficaz resolución de problemas y este incluye siete pasos secuenciales, que resumimos en la tabla 7.

Tabla 7. *Pasos y secuencia del aprendizaje cognitivo*

1. Reconocimiento del problema (p.e., no puedo alcanzar la fruta).
2. Recolección de datos (cajas esparcidas por la jaula, tamaño de las mismas, distancia al techo).
3. Formulación de hipótesis (apilar las cajas me permitirá alcanzar la fruta).
4. Diseñar el plan para comprobar la hipótesis (recoger, juntar y apilar las cajas).
5. Comprobar la hipótesis (encaramarse a las cajas).
6. Interpretación de los resultados (se alcanza con éxito la fruta).
7. Evaluación de la hipótesis: a) terminación; b) modificación.

A raíz de lo dicho parecería adecuado considerar un matiz nuevo en la definición de aprendizaje, considerándolo como un cambio interno relativamente permanente en la persona (reestructuración, formación de nuevas asociaciones, potencial para nuevas respuestas) que supone una ampliación de sus capacidades. El aprendizaje se relaciona entonces a aquellos procesos mentales que perciben el input sensorial de diferentes formas, lo codifican, almacenan en la memoria y recuperan para usos posteriores.

2.4.2.1. La teoría del aprendizaje social

Según la Teoría del Aprendizaje Social (TAS) los cambios en el comportamiento son función del aprendizaje por observación e imitación. Esencialmente es una teoría derivada de las teorías conductual y cognitiva del aprendizaje. La TAS enfatiza la interacción reciproca entre el comportamiento y el entorno. En esa línea los teóricos de la TAS consideran que las reacciones de la persona están ampliamente controladas por la anticipación de consecuencias. Los tres principios fundamentales de la TAS son el aprendizaje vicario, el moldeado y los procesos auto reguladores. La TAS parte de dos principios: a) no siempre es esencial para alguien emitir respuestas y ser reforzado por ello, y, b) la identificación con modelos puede influenciar enormemente el comportamiento.

2.4.2.1.1. Aprendizaje vicario

El aprendizaje vicario es el aprendizaje que se opera a través de la observación del comportamiento de otros y la apreciación de las consecuencias que conllevan dicho comportamiento sin necesidad de experimentarlas *en propia carne*. El rango de comportamientos que pueden ser aprendidos de esta forma es amplísimo, incluidas las emociones, que pueden ser también aprendidas vicariamente observando las respuestas emocionales de otros asociadas a experiencias tanto placenteras como aversivas.

A través de diferentes experimentos se ha demostrado como la probabilidad de que un individuo emita una conducta es función de la visualización de dicha conducta previamente en modelos, aunque estos no sean reales (películas, dibujos), y sin que el sujeto hubiera sido reforzado por ello directamente.

2.4.2.1.2. Modelado

Decíamos que el aprendizaje vicario supone la observación de un modelo. La preferencia o elección de un modelo sobre otro se conoce como proceso de identificación. Existen una serie de principios explicativos de dicho proceso. En primer lugar está el refuerzo vicario. Se elige a una persona como modelo porque recibe recompensas que el observador experimenta vicariamente (como propias), es decir, que el observador siente como si el mismo estuviera experimentando las recompensas en lugar del modelo. Por ejemplo un profesional de la salud observa como una compañera es querida por todos los pacientes, recibiendo elogios de todos ellos, y comienza a imitarla. Otros de los principios sería la *similitud* que exista entre el modelo y el observador a nivel de diferentes variables como por ejemplo edad, sexo, estrato social, personalidad, etc. En la medida que se perciba cercanía observador-modelo será más probable que se imite su conducta.

El poder social del modelo, entendiendo por ello el poder del modelo para proporcionar refuerzo (aunque no lo haga), es otro de los principios que inducen a la imitación de su conducta. Este es un fenómeno típico asociado a los personajes famosos (cantantes, actores, políticos). También puede ser el caso del estudiante que imita a su profesor.

No hay duda en cualquier caso que la identificación es un proceso multifactorial. No obstante los trabajos sobre el tema revelan que los atributos claves de los modelos imitados son su calidez, credibilidad, capacidad comunicativa y estatus dentro de la organización social y profesional. Y si el que observa tiene cierta relación afectiva con el modelo (real o de deseo) y lo acepta, la conducta a imitar tiene consecuencias positivas y el que imita espera que también las tenga para él. En ese caso existe una alta probabilidad de que se produzca este tipo de aprendizaje por imitación.

2.4.2.1.3. Auto-regulación

Existen dos fuentes principales de refuerzo: la interna y la externa. Hay que matizar que la fuente externa de reforzamiento puede ser directa o vicaria. El refuerzo a su vez, sea cual sea la fuente, puede ser positivo (aparición de estimulación apetitiva) o negativo (desaparición de estimulación aversiva). De esta manera, el propio sujeto puede auto-reforzarse por su propio comportamiento, independientemente de que exista refuerzo externo o no. El individuo realiza una autoevaluación de su comportamiento y si este se ajusta a sus objetivos se proporciona a sí mismo un refuerzo.

Se muestra autocontrol cuando una persona practica una conducta cuyas anteriores probabilidades han sido menores que las de otras posibles respuestas. La respuesta por controlar en la autogestión de la conducta implica con frecuencia consecuencias inmediatamente desagradables, pero a la larga deseables, mientras que las respuestas contrarias implican resultados inmediatamente placenteros, pero a la larga desagradables. Las pautas de autocontrol se suelen ver mediatizadas por procesos simbólicos y apoyadas en último extremo en variables externas. Las dos estrategias básicas para el autocontrol son: 1) la planificación ambiental, mediante la cual una persona ordena de antemano las claves ambientales para influir sobre el comportamiento, y 2) la programación de la conducta, por medio de la cual la persona se somete a sí misma a las consecuencias que se derivan del hecho de que se produzca o no la conducta por modificar.

2.5. Motivación

Motivación es un concepto que utilizamos para describir la actuación de fuerzas desde dentro del propio organismo o sobre este desde el exterior, que tiene como consecuencia el iniciar y dirigir el comportamiento, así como para explicar las diferencias en la intensidad del comportamiento. El concepto de motivación contesta a la pregunta del *por qué* del comportamiento ("¿Por qué come? Por hambre". "¿Por qué vigila a su pareja? Por celos".).

Podríamos definir la motivación como el impulso (biológico, instintivo o psicológico) capaz de mover y dirigir al individuo hacía una meta específica. La motivación es la responsable de la orientación activa, persistente y selectiva que caracteriza el comportamiento, a la vez que fuente energética de esa actividad. Añadamos que la actividad sustentada por una motivación tiene como finalidad el satisfacer una necesidad, un deseo o, más generalmente, resolver un estado interior de tensión, desazón o insatisfacción. En este sentido la motivación cumple tres funciones básicas: energizar (activar), canalizar (dirigir) y mantener (perpetuar) la conducta. Pueden considerarse tres fases en la motivación: los estados motivantes, la conducta motivada por dichos estados y las condiciones que satisfacen o alivian las condiciones motivantes.

Los términos más corrientes para definir la primera fase son los de motivo, impulso, necesidad o tendencia. Un motivo es lo que mueve o incita a la acción, y puede originarse a partir de una necesidad, o sea, de un déficit personal, de algo que precisa el individuo. La segunda fase es la conducta instigada por el motivo o impulso. Esta conducta es generalmente instrumental, en el sentido de que tiende a reducir el impulso. La tercera fase es la reducción o satisfacción del impulso o motivo. Esto sólo se consigue cuando se alcanza un objetivo. Pongamos por ejemplo la sed: la falta de agua en los tejidos se traduce en una necesidad o motivo (primera fase), la cual genera una conducta exploratoria y/o instrumental (segunda fase) dirigida a la consecución de agua. Al beber agua (tercera fase) se aplaca la sed, y así se cierra el ciclo.

Básicamente se reconocen cuatro mecanismos que explican el comportamiento motivado, a saber:

- *Homeostasis*: existe un nivel óptimo en los distintos estados del organismo. Cuando se produce una desviación importante de dicho estado óptimo los circuitos motivacionales se disparan, entrando en acción los comportamientos que devuelven el organismo a los mismos niveles óptimos de equilibrio previo.
- *Hedonismo*: tendencia a aproximarnos hacia lo que nos produce placer y a evitar lo que nos desagrada o produce dolor.
- *Crecimiento*: todos los seres humanos muestran una tendencia al desarrollo de su potencial, tanto físico como psicológico y emocional, fundamentalmente con el objeto de procurar un mejor control de nuestro entorno y de nosotros mismos (autorrealización).
- *Procesos cognitivos*: las expectativas generadas por experiencias previas

afectan a la probabilidad de ocurrencia de un comportamiento en virtud de la esperanza que la persona tiene de obtener una meta. La disonancia conducta / creencia produce malestar, y por tanto un movimiento de cambio que debe terminar con la transformación de uno de los elementos en discordia para adecuarlo al otro.

Las motivaciones que mueven al individuo pueden ser innumerables, generalizando bastante podemos clasificarlas en:

- *Primarias*: son las más básicas y tienen que ver con un fondo biológico. También son las más primitivas, pues, al fin y al cabo, siguen un patrón instintivo de supervivencia. Entre ellas destacan: el hambre, la sed, la atracción sexual, el sueño, la agresividad, la seguridad y el rechazo del dolor.
- *Secundarias*: son aquellas más específicamente humanas en cuanto ser racional, emocional y social. Entre otras muchas destacan: la necesidad de afecto, de autoestima, de sabiduría y de gozo. Su importancia radica en que de ellas depende el ejercicio de la vida civilizada, al tiempo que modulan en cierto modo la consecución de las primarias.

En la satisfacción de las necesidades se cumple el *principio de prepotencia* de la necesidad, por el cual a no ser que se cubran, aunque sea de forma parcial, las necesidades inferiores o primarias, es probable que resulte problemático cubrir las necesidades superiores o secundarias. De cualquier manera, en el caso del ser humano, existen excepciones a la regla (por ejemplo la huelga de hambre por un ideal político). En este sentido la motivación humana se caracteriza por:

- *La gran variabilidad.* Un gran número de motivos son aprendidos, y por lo tanto influenciados cultural y socialmente.
- *La inexistencia de una relación lineal entre motivación y conducta.* Motivos y necesidades diferentes pueden activar una misma conducta (p.e. se puede ligar por necesidad sexual-afectiva, pero también para aumentar la autoestima) y diversas conductas pueden satisfacer una misma necesidad (p.e. la necesidad de llamar la atención se puede satisfacer con el vestido, la forma de hablar, los gestos, etc.).
- *El dinamismo.* Gran cantidad de motivos y necesidades presentes en cada persona muchas de ellas pueden entrar en contradicción. Se han definido dos bloques de conflictos: los externos y los internos.
  - Externos:
    - *Conflicto de aproximación-aproximación*: dos objetivos deseables que se excluyen mutuamente. Si se obtiene uno se pierde el otro.
    - *Conflicto de evitación-evitación*: se debe elegir entre dos alternativas indeseables. Evitar uno supone sufrir el contrario.
    - *Conflicto de aproximación-evitación*: un objetivo posee simultáneamente elementos beneficiosos y perjudiciales.
    - *Doble conflicto de aproximación-evitación*: se presentan dos objetivos, cada uno con valencias positivas y negativas.
  - Conflictos internos:

- Ello versus yo
- Yo versus realidad
- Superyó versus yo

Existe una importante interacción entre los factores motivacionales y el aprendizaje. Así, cuando queremos condicionar el reflejo de salivación (experimento típico de condicionamiento clásico de Pavlov) de un perro al sonido de una campana, asociando éste a la presentación de comida, antes debemos asegurarnos que el animal está hambriento (factor motivacional), o de lo contrario todo sería más difícil.

El modelo de humanista de Maslow es fundamentalmente un teoría sobre la motivación humana basada en los conceptos de *necesidad* y *satisfacción*. Por necesidad se entiende el estado carencial permanente. La desaparición de un estado de carencia no quiere decir que la satisfacción correspondiente se está produciendo de continuo, sino que ha dejado de ser una insatisfacción permanente. Por su parte la satisfacción no supone alcanzar un grado de tensión cero, sino alcanzar un grado de tensión óptimo. Lo que implica algunas veces aumentar la tensión y otras reducirla.

Alcanzar la satisfacción de una necesidad, por simple que esta sea, nos obliga, generalmente, a una acción única en el tiempo. Dentro del esquema de deseos potenciales, del mapa de necesidades posibles, el ser humano establece siempre una serie de prioridades derivadas de la imposibilidad instrumental de abordar la satisfacción de todo a la vez y, lógicamente, establece estas prioridades partiendo de atender primero a lo más acuciante. Así por ejemplo, las necesidades de supervivencia eclipsaron a todas las demás hasta que estén razonablemente satisfechas. Esto permite establecer una estructura de los motivos humanos ordenadas en niveles, una *estructura jerárquica*. Habrían seis niveles de necesidades:

- Necesidades fisiológicas.
- Necesidades de seguridad.
- Necesidades de amor y afecto.
- Necesidades de Autoestima y ser estimado.
- Necesidades de Conocimiento y comprensión.
- Necesidades de Autorrealización.

La satisfacción, al menos parcial, de un nivel de necesidad puede llevar a la aparición de nuevas necesidades en el nivel siguiente, y con ello a nuevas formas de motivación. Tras la satisfacción de las necesidades fisiológicas, hacen acto de presencia las de seguridad, que si se cubren darán paso a las necesidades de amor y afecto, a así sucesivamente. Los seis niveles de motivación se dividen a su vez en dos categorías: el de las necesidades de orden inferior y el de las necesidades de orden superior. Los cuatro niveles primeros serían necesidades de orden inferior, el quinto es un nivel de transición, y el nivel de autorrealización es propiamente el de orden superior.

Los procesos motivacionales del ser humano se van a dar dentro del marco de una estructura jerarquizada, siguiendo unas leyes o principios que determinan la dinámica del modelo. A los cuatro primeros les corresponde un tipo de motivación que se designa como *motivación por la necesidad.* Al sexto le corresponde un tipo de motivación radicalmente diferente, denominado *meta motivación*, o motivación por el desarrollo. El quinto nivel participa de ambas. Así pues son dos diferentes los procesos en la motivación humana, uno que actúa por déficit y se ajusta bastante al paradigma homeostático y otro, totalmente independiente del anterior, que actúa por acumulación o incremento y del que dependen la actividad creadora, la actitud auto transformadora, etc.

La motivación de las necesidades deficitarias se acerca más a los cánones del modelo de placer igual a tensión cero, que al de placer entendido como tensión óptima. Por el contrario el placer que se obtiene de las meta motivaciones está ligado a un marcado grado de tensión interna. Así pues, en la dinámica de las necesidades de orden superior el principio de carencia desaparece, ya que por un lado no se da una situación de carencia en el individuo y por otro la satisfacción de la necesidad invierte su signo, y lejos de terminar con la motivación, como ocurre en la motivación por necesidad, se transforma en el principal motivador, con lo cual, cuanto más se satisface una motivación de orden superior, más se motiva.

Las personas que consiguen satisfacer sus necesidades en una medida subjetivamente suficiente, resultan ser más sanas y tienden a la motivación por el desarrollo, pues han cubierto los niveles de necesidades anteriores. Las personas que sufren estados carenciales (motivadas por la necesidad), y las que no presentan estados carenciales, difieren muy significativamente en los rasgos generales de personalidad.

Las necesidades deficitarias son compartidas por todos los miembros de la especie humana. En la motivación por el desarrollo cada persona tiene sus objetivos particulares, su modo idiosincrático de entender la realización, por lo que es ahí donde se da la verdadera individualidad y plenitud de cada uno.

2.6. Cognición

El mundo que percibimos no es el mundo real. El territorio es un mapa hecho por nuestras bases neurológicas. El universo físico que nos aparece a través de nuestros sentidos -vista, oído, tacto gusto y olfato- es el resultado de estructuras propias de nuestro cerebro y sistema nervioso, genéticamente determinado y propio de la especie (p.e., límites del espectro visual).

Nuestro sistema nervioso, a través de nuestros sentidos, sólo es capaz de captar una parte de la realidad física, realidad que a su vez no puede aprehender en su totalidad, ya que tenemos una capacidad limitada para atender simultáneamente al flujo incesante de estímulos presentes, obligándonos a la selección o filtrado de la información disponible. Información filtrada de una realidad disponible que finalmente organizamos de una manera particular e idiosincrásica. Por tanto *la realidad* del mundo tal y como la percibimos es ya una creación humana. Nuestro mundo no es el mismo que el de la mosca, los peces o los perros, y ni siquiera que el de otro ser humano.

Cada uno construye su representación del mundo a partir de su propia experiencia. La historia de cada individuo es única, no hay dos vidas exactamente iguales. No existen por lo tanto dos modelos iguales, como no existen dos huellas dactilares iguales. Pero a su vez cada construye su mundo inserto en un contexto socio cultural concreto, que a su vez proporciona, a través de los mecanismos de socialización y aculturación, esquemas interpretativos de la realidad. Se resume pues en dos postulados:

- *postulado de construcción*: construimos replicas internas (mapas) de los acontecimientos que vivimos.
- *postulado de variedad:* la construcción de esos mapas varía de un

individuo a otro.

El modelo propio de una persona constituye el centro de su universo y proporciona una representación de su medio interno (lo que ocurre en su interior) y externo (su entorno). Se compone de las percepciones presentes, así como del conjunto de diversos procesos de pensamiento y sistemas de contenidos establecidos y funcionales para cada persona.

Podemos resumir los mecanismos de construcción de los modelos en los procesos de:

- *Selección*: proceso de inclusión/exclusión. Únicamente prestamos atención a ciertos aspectos de nuestra experiencia y excluimos otros. La selección está mediatizada por una serie de *filtros*. Actúan como filtros las actitudes, intereses, valores y creencias.
- *Generalización*: elementos o partes de la experiencia, valorados como esenciales, son separados de la experiencia original y pasan a representar la categoría entera en la que la experiencia en cuestión no es mas que un ejemplo.
- *Estructuración*: categorización, ordenación y clasificación de los elementos representacionales en un todo (esquema) organizado y con sentido.
- *Transformación*: proceso de distorsión de las representaciones originales que nos permite introducir cambios en nuestra experiencia sensorial (p.e. imaginación, creatividad).

Los mapas de la realidad serán tanto más adaptativos cuanto más ricos, abiertos y flexibles. Los mismos mecanismos que pueden dar lugar a un mapa saludable pueden ser *pervertidos* (ser disfuncionales) dando lugar a todo lo contrario. En cada de uno de los procesos pueden darse diferentes desviaciones. El grado y la cualidad de la disfunción pueden conducir a la patología emocional y psíquica. Así, si el proceso de selección se sesga de una forma determinada, la visión obtenida es parcial y no representativa de lo que ocurre. Si una creencia, por ejemplo "los hombres son desordenados", actúa de filtro, percibiremos con claridad todo lo que, incluso remotamente, la confirme, rechazando los elementos que no sean asimilables al esquema previo. Así minimizaremos que sus herramientas estén ordenadas o su coche limpio y siempre a punto y, por el contrario maximizaremos que su ropa está mal doblada. Además justificaremos la maximización y la minimización de hechos en base a nuestro propio esquema de valores, que también actuará como filtro, al considerar que en el concepto orden es más importante la ropa que las herramientas o despreciando la estructura de valores del otro con expresiones como "ordenar las herramientas no tiene valor por que le gustan".

El proceso de generalización se puede ser tremendamente disfuncional si el aspecto resaltado como esencial (rasgo nuclear) es meramente un rasgo accidental. Así, si tras una ruptura con mi pareja (que tiene el pelo pelirrojo) generalizo y concluyo con la creencia "las mujeres pelirrojas no son de fiar", confundiendo lo anecdótico (color del pelo) con lo esencial (posiblemente distintas rupturas en el proceso de comunicación). Vivimos y creemos en una gran cantidad de sobregeneralizaciones erróneas de este tipo y que suelen ir precedidas de las partículas totalizadoras *todo*, *nada*, *siempre*, *nunca* y similares ("todas las mujeres son iguales", "nadie me quiere realmente", etc.) (veánse en la tabla 8 las diferencias entre el pensamiento distorsionado/irracional y el racional).

Tabla 8. *Características del pensamiento distorsionado e irracional versus racional*

PENSAMIENTO DISTORSIONADO	PENSAMIENTO RACIONAL
1. **No dimensional y global** (soy un miedoso).	1. **Multidimensional** (soy medianamente miedoso, bastante generoso y ciertamente inteligente).
2. **Absolutista y moralista** (soy un despreciable cobarde).	2. **Relativo, no emite juicios de valor** (soy más cobarde que la mayoría de las personas que conozco).
3. **Invariable** (siempre fue y siempre será un cobarde).	3. **Variable** (mis miedos varían de un momento a otro y de una situación a otra).
4. **Irreversibilidad** (como soy intrínsecamente débil, no hay nada que se pueda hacer con mi problema).	4. **Reversibilidad** (puedo aprender modos de afrontar situaciones y de luchar contra mis miedos).

El comportamiento y el modelo del mundo están muy unidos, adquiriendo aquel sentido desde el momento en que forma parte del contexto del modelo que lo genera. Cada persona actúa según la mejor elección entre aquellas que, dado su modelo, cree tener. Por eso cuando miramos hacia atrás y juzgamos hoy nuestra conducta pasada como equivocada estamos cometiendo un error, ya que nuestra posición hoy (vivencial, intelectual, económica, etc.) es tan distinta que evidentemente actuaríamos de otra manera, en parte gracias a lo que hoy consideramos error.

El lenguaje (representación proposicional) es la forma principal de expresar y trasmitir nuestros esquemas del mundo. De ahí que en parte el modelo se construye desde la experiencia individual y en parte desde los procesos de socialización y transmisión cultural a los que estamos sometidos, ya que a su vez el propio lenguaje mediatiza la experiencia y su representación. La representación a nivel interno además de proposicional utiliza también imágenes. La estructuración eidética (tamaño, color, forma, definición, etc.) determinan también nuestro comportamiento.

De forma simplificada podemos decir que las personas estructuramos nuestros mapas del mundo en forma de redes nodulares como en el ejemplo de la figura 4.

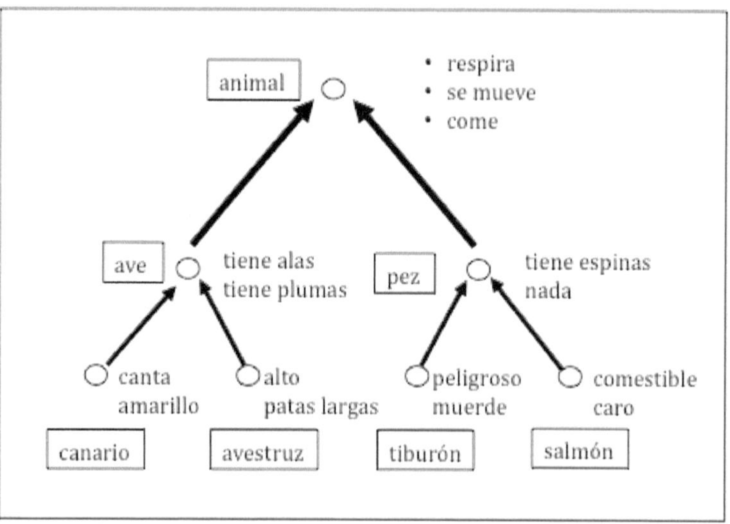

Figura 4. *Ejemplo de estructura representacional del tipo red jerárquica*

2.7. Actitudes

Constituyen un punto de confluencia entre la emoción, la motivación y la cognición, integrándose en la parte más potencialmente variable de la personalidad. Sustancialmente una actitud es una disposición para responder de una cierta manera a un tipo de realidad a partir de una asociación entre un objeto dado y una evaluación dada, y que podemos definir como un estado de disposición, organizada mediante la experiencia, que ejerce un influjo dinámico o directivo sobre las respuestas que un individuo da a todos los objetos y situaciones con que ella está relacionada.

Considerada desde nuestro punto de vista, las actitudes son concebibles como una cierta forma de motivación social, toda vez que posee una función disposicional donde el impulso a la acción y la orientación de esta hacia objetivos definidos desempeñan un evidente papel.

Las actitudes tienen tres componentes: cognitivo, afectivo y conativo-conductual. El primero consta de las percepciones de las personas sobre el objeto de la actitud y de la información que posee sobre él. El segundo estaría compuesto por los sentimientos que dicho objeto despierta. El tercero incluye las tendencias, disposiciones e intenciones hacia el objeto, así como las acciones dirigidas por las intenciones. Los tres componentes coinciden, sin embargo, en un punto: en que todos ellos son evaluaciones del objeto de la actitud. En efecto, las percepciones o la información pueden ser favorables o desfavorables, los sentimientos positivos o negativos y la conducta o intenciones de conducta de apoyo u hostiles.

Las actitudes, creencias y valores están íntimamente relacionadas. De forma genérica podemos decir que las creencias (ideas en torno a qué y cómo son, o deben ser, las cosas) influyen determinantemente o son parte de la percepción del objeto de la actitud, mientras que los valores (influidos a su vez por las creencias) afectan al componente afectivo. Así por ejemplo una persona con creencias religiosas valorará enormemente la virginidad antes del matrimonio y tendrá una actitud desfavorable hacia las relaciones prematrimoniales que evitará.

Las actitudes están estrechamente entrelazadas con las necesidades que percibe la persona, ayudando a dicha persona a lograr los objetivos deseados. En este sentido las actitudes cumplen varias funciones importantes, estando muy relacionadas con la motivación y el procesamiento de la información.

2.8. Factores psicosociales y ambientales

2.8.1. Factores psicosociales. El entorno psicosocial

Nacemos y nos desarrollamos insertos e integrados (voluntaria o involuntariamente) dentro de un conjunto de marcos grupales y sociales de diferente índole y amplitud. Tales marcos son: la cultura, la sociedad, el barrio, los amigos, iguales y la familia.

De otro lado entre las necesidades (motivaciones) más potentes de la especie humana se encuentran, como seres básicamente sociales que somos, las de pertenencia y afiliación. El ser humano experimenta una clara tendencia a la sociabilidad, al agrupamiento. Pero además otra serie de necesidades, como las de seguridad, reconocimiento, poder e incluso logro, no pueden satisfacerse plenamente sin el concurso de los demás. A través de las relaciones con los otros podemos obtener apoyo y reconocimiento, o como lo expresa el análisis transaccional saciar nuestra hambre de *caricias*.

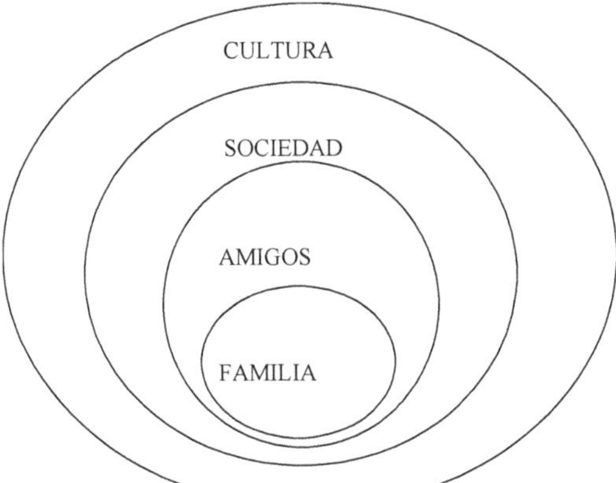

Figura 5. *Representación figurada de la integración concéntrica de los distintos agrupamientos humanos de pertenencia*

Pero esto tiene un *precio*. La pertenencia a las distintas agrupaciones humanas exige un *tributo*, la adaptación (adopción o cambio) de conductas a una serie de normas (escritas o no, formales o informales), hábitos, patrones, etc., que caracterizan y prima dicha colectividad humana. La pertenencia, ser aceptado, supone a su vez aceptar, integrar en la propia conducta las actitudes, normas y valores del grupo en el que nos insertamos.

El grupo ejerce, tanto desde el interior (el súper yo interiorizado) como desde el exterior (burlas, elogios, modas, etc.), una influencia determinante en nuestra conducta. A su vez el papel (rol) y la posición (estatus) que queremos alcanzar dentro de dichos grupos determina lo que se espera de nosotros.

Somos educados en una determinada cultura con unos valores morales, políticos, religiosos, priorizados y específicos. Se nos enseña así lo que es propio del hombre o la mujer, del casado o del soltero, que es y que no es una droga, etc.

En definitiva se nos enseñan los límites y las posibilidades, y se nos exige el cumplimiento bajo la amenaza de la exclusión y la marginación (castigos) y la promesa de la recompensa. Pero todo ello es relativo y subjetivo, ya que cada marco cultural / social o puede diferir como del día a la noche y dar respuesta diametralmente diferente a cada situación de la vida.

Por otra parte la cultura ha definido una serie de roles, que podemos definir como *guiones* de conducta específicos asignados a las diversas funciones sociales (madre, profesor, político, etc.) y que delimitan con cierta concreción las conductas esperadas y no esperadas, públicas e incluso privadas, de las personas que los desempeñan. De manera que la conducta de una persona puede verse, y de hecho se ve, constreñida, por dichos roles.

2.8.2. Factores ambientales. El entorno físico

Conducta y entorno físico guardan una importante relación. En este apartado repasaremos brevemente algunos de los hechos más relevantes de dicha vinculación. La luz, el sonido, la temperatura, la disposición espacial, el territorio, la densidad, y la distancia son algunas de las características más estudiadas del ambiente físico en relación a sus efectos sobre la conducta.

2.8.2.1. Luz, sonido, y temperatura

En cuanto a la luz podemos decir que a medida que se aumenta la luminosidad la agudeza visual crece, por lo que aquellas conductas que la requieren mejoran. Un exceso, el deslumbramiento, por el contrario incapacitará, o al menos incomodará (si la agudeza visual no es necesaria en la tarea). La cualidad de la luz, el color, igualmente afecta a conductas que supongan discriminación de colores. También se han constatado influencias del color sobre el estado de ánimo y el nivel de estimulación, existiendo una cierta correlación entre colores *calientes* (rojo, naranja, etc.) y mayor excitación y colores *fríos* (azul, verde) y relajación.

El ruido afecta en un sentido u otro en función del tipo de tareas. Tareas complejas que suponen el manejo de gran cantidad de información y requieren una gran concentración y vigilancia se ven afectadas negativamente por él. También cuando es discontinuo o produce un enmascaramiento de la señal. Por el contrario en tareas simples en ocasiones el ruido ayuda a estar despierto mejorando así el rendimiento.

La temperatura generalmente afecta de forma negativa en la conducta cuando es extremadamente alta o baja. Sin embargo el rendimiento aumenta en niveles moderados de calor o durante el período inicial de exposición al calor. El frío afecta especialmente a tareas manuales por su efecto en la temperatura periférica de las manos.

2.8.2.2. Disposición espacial

Existen pruebas iniciales de que la ubicación o *disposición espacial* de las características ambientales influye en la calidad de la comunicación y el grado de interferencia y distracción en los ambientes diseñados. Así, por ejemplo, cuando las sillas de una sala se ubican una junto a la otra a lo largo de las paredes de la estancia se produce un efecto *antisocial*, es decir, la gente tiende a no relacionarse, cuando, por el contrario cuando las sillas se colocan alrededor de pequeñas mesas ubicadas en el centro de la sala, se produce un efecto *socializador*, es decir, la gente realiza significativamente más interacciones sociales y participan en más conversaciones. Así mismo los diseños espaciales de plano abierto (superficie diáfana sin divisiones) dan lugar a una estimulación más rica, por lo que provocan interferencias en tareas que requieren concentración, aunque la mayor exposición visual a los demás aumenta la actividad.

2.8.2.3. Exposición visual

Otra de las cuestiones a considerar es la relación entre el territorio y la necesidad humana de privacidad, que podemos definir como el deseo de un individuo de evitar que otros se enteren de sus actos, experiencias e interacciones personales. El concepto de privacidad alude a dos significados: a) aislamiento (soledad, reclusión e intimidad); y b) control de información (anonimato, reserva y retraimiento). Dicha necesidad implica el control selectivo del acceso a uno mismo o al grupo al que uno pertenece, y tiene cumple funciones a nivel social y de identidad personal. A nivel social regula la interacción social entre una persona o grupo y el mundo social, controlar el flujo de información entre personas y grupo, y ayuda a conservar el orden del grupo. A nivel personal contribuye a la propia identidad, la autoevaluación (al abstraerse de la actividad en el medio se puede hacer inventario de sí mismo), y a la autonomía personal (la elección de estar solo es una declaración de autonomía).

La interacción ambiente físico-privacidad es clara, ya que aquel puede aumentar o disminuir el sentido de privacidad. Básicamente influye a través de la regulación del grado de acceso visual (facilidad para inspeccionar) y exposición visual (facilidad para ser visto) que las personas experimentan en ese ambiente. Así cuando las personas desean preservar su privacidad se refugian en un territorio de su propiedad o un rincón aislado, cuando éste no está disponible la intimidad se pierde y la persona inhibe ciertas conductas (por ejemplo expresiones de afecto) y por el contrario facilita otras como resultado de la desindividuación (el individuo es más dado a comportarse de una manera antisocial cuando se encuentra en condiciones de anonimato social ya que siente que la masa le oculta).

Tabla 9. *Elementos constituyentes de la privacidad*

Privacidad (como aislamiento)
• Soledad: el deseo de estar solo • Reclusión: deseo de vivir fuera de la vista y del ruido de los vecinos y del tránsito • Intimidad: aislarse de los demás con la familia o una persona en especial.
Privacidad (como control de información)
• Anonimato: evitar que otros conozcan todo acerca de uno • Reserva: deseo de no descubrir mucho acerca de uno • Retraimiento: preferencia a no involucrarse con los vecinos

2.8.2.4. Disponibilidad de territorio

Podemos definir la *territorialidad* como el patrón de conducta asociado con la posesión u ocupación de un lugar o área geográfica por parte de un individuo o grupo, y que implica la personalización y la defensa del mismo contra invasiones. Se distinguen tres tipos de territorios: *primarios* o personales (bajo el control completo de un usuario durante un prolongado período de tiempo) como la propia casa, *secundarios* (de posesión no permanente y compartida) como un club social o el despacho, y *públicos*, abiertos a la ocupación por usuarios generales que no ejercen su control ni propiedad, como un parque, aunque tienen que respetar unas normas para su disfrute.

La territorialidad tiene como funciones:

- Servir de base para el desarrollo del sentido de identidad personal y de grupo.
- Proporcionar sentimientos de distinción personal.
- Ayudar a los individuos y grupos a organizar sus actividades diarias.
- Permitir a las personas predecir el tipos de conducta que se pueden esperar en lugares particulares.

Disponer pues de un territorio es una necesidad humana básica.Y ello por que la vida social sería imposible sin la existencia de espacios concretos en el que se organicen los individuos, las cosas y las actividades de manera que podamos tener una referencia estable que nos permita localizar (a esos individuos, cosas y actividades) y desarrollar un mapa cognoscitivo de los tipos de conductas que se pueden esperar en esos determinados lugares. Para ello los territorios humanos están repletos de señales y signos de identidad que definen su función y propiedad, marcan los límites e incluso limitan su acceso. La territorialidad aparece asociada con cuestiones tales como la agresión interpersonal (defensa del territorio) y el estatus social (posesión del territorio).

2.8.2.5. Densidad

Por *densidad* entendemos los aspectos físicos o espaciales de la situación y hace referencia a la proporción entre el número de personas y el espacio disponible. Esta proporción persona/espacio, cuando traspasa un determinado umbral (determinado en función de características personales y sociales), es vivida por la persona como *aglomeración*, entendiendo por ella los aspectos subjetivos, es decir a la percepción que el individuo tiene en cuanto a las limitaciones de espacio.

A su vez cabe diferenciar entre dos acepciones del término densidad:

• Social: número de personas en un área determinada (espacio constante):

-Interior: número de personas por área espacial dentro de una vivienda.

-Exterior: número de personas por área geográfica mayor (p.e. Km^2).

• Espacial: espacio disponible en una situación particular (tamaño del grupo constante).

Una situación de alta densidad se experimenta como aglomeración cuando aparecen restricciones espaciales que causan interferencia social, como la competencia (la ausencia de cola organizada en un banco) entre los individuos que se encuentren en una situación. La percepción de densidad es una fuente productora de estrés debido a la vivencia de frecuente invasión del espacio personal. La incapacidad de conseguir más espacio amenaza el sentimiento personal de seguridad física o psicológica. Por otra parte produce una sobrecarga de información facilitando la sensación de falta de control. Por último se relaciona con la limitación de conducta ya que la libertad de elección se ve restringida.

2.8.2.6. Espacio personal

El espacio personal es la zona alrededor del individuo que otras personas no deben traspasar. Hay, de menor a mayor, cuatro distancias: íntima, personal, social y pública. El espacio personal cumple funciones de autoprotección y de expresión de la atracción personal, protege de elementos estresores y sirve a la comunicación no verbal, marcando simbólicamente, en centímetros, el grado de afinidad afectiva con el otro. La distancia personal está positivamente asociada con la ansiedad, la amenaza percibida y los trastornos emocionales.

El espacio personal varía de una cultura a otra, de hombres a mujeres y de niños a adultos. Los anglosajones necesitan más espacio personal que los españoles y estos más que los árabes. Los hombres usan más espacio personal que las mujeres y, por último el espacio personal crece y su uso se sistematiza a medida que la persona crece, siendo mayor de adulto que de niño. La mayor densidad puede hacer decrecer el espacio personal.

2.8.2.7. El hospital como entorno

El hospital como medio integra dos tipos de entorno: el social y el físico. A nivel social es una organización compleja, un sistema social con un entramado de estatus y roles, y con un conjunto de valores y fines organizacionales muy característicos que el personal conoce y domina, pero que el paciente debe aprender y adaptarse. A nivel físico es un lugar, una estructura espacial con dimensión, forma y distribución del espacio definidas.

La hospitalización puede dar lugar a una serie de efectos psicosociales negativos y estresantes debidos al impacto tanto del propio marco físico como del social:

- Pérdida de la intimidad.
- Ignorancia.
- Dependencia.
- Despersonalización y pérdida parcial de identidad.
- Interrupción de los roles habituales.
- Exigencia de adopción del rol de paciente hospitalizado.

Hay que cuidar por tanto en su diseño la adecuada iluminación, el control de la temperatura (climatización natural y artificial), los colores usados en la decoración, y la disposición espacial de cada una de las estancias (habitaciones, pasillos, etc.) según su función (social, de privacidad, de rendimiento, etc.). Las habitaciones deben ser cómodas, pensadas para que un paciente con diferentes limitaciones de movilidad pueda valerse en la mayor medida posible sin ayuda, con todos sus elementos accesibles y agradables.

Además, si en algún sitio se pierde la privacidad es sin duda en un hospital. Los estudios apuntan a que los diseños que disminuyen el grado de exposición visual (con habitaciones privadas, el poder decidir cerrar las puertas de la habitación, y espacios de intimidad personal donde se pueda interactuar sin la intromisión del personal) pueden aumentar el rango de conductas de los pacientes y su bienestar. Cuando, por ejemplo, se incrementa el número de camas por habitación, se producen una serie de efectos sobre el sobre el clima social de dicha sala tal que se:

- Establece una estructura más rígida.
- Incrementa la necesidad de control del personal hospitalario.

- Disminuye el grado de independencia y de responsabilidad del paciente, y el total de apoyo que el personal puede ofrecerle
- Conduce a una relación menos espontánea entre personal y pacientes.
- Reduce la posibilidad de entender.

Los costos psicológicos de la vida que transcurre en un hospital pueden reducirse si los pacientes ingresados puede *poseer* sus territorios individualizados mediante la personalización, permitiéndoles, por ejemplo, incorporar objetos de significación personal y decorativos, amén de que el propio diseño arquitectónico incluya territorios personales seguros (nuevamente habitaciones individuales o salas ajenas a la propia actividad hospitalaria).

2.9. Conclusión

En este capítulo se han examinado sólo algunos, y de forma absolutamente básica, de los conocimientos aportados por la ciencia psicológica. Y no hubiera sido posible de otra forma dado el ingente cúmulo de conocimientos que el amplísimo y vasto campo de investigación psicológica ha proporcionado a lo largo de su historia reciente. Pero como comentábamos en un principio, los conceptos seleccionados en este capitulo han sido escogidos por su particular importancia para la práctica de los profesionales de las Ciencias de la Salud. Y ello, porque estamos persuadidos de que el conocimiento teórico de los mismos será de una gran relevancia para establecer el fundamento del comportamiento terapéutico. No pretendemos formar un *pequeño psicólogo*, sino a un profesional de la salud competente.

2.10. Referencias

Antonovsky, A. (1987). *Unraveling the mystery of health: How people manage stress and stay well.* San Francisco: Jossey-Bass.

Bonanno, G.A. & Kaltman, S. (1999). Toward an Integrative Perspective of Bereavement. *Psychological Bulletin, 125 (6)*, 760-776.

Costa, P.T. & McCrae, R.R. (1992). *Revised NEO Personality Inventory (NEO-PI-R) and NEO Five-Factor Inventory (NEO-FFI) manual.* Odessa, FL: Psychological Assessment Resources.

Costa, P.T. & McCrae, R.R. (1999). *Manual técnico del NE –PI – R.* Madrid: TEA.

Crespo, A. (1997), *Psicología General. Memoria, pensamiento y lenguaje.* Madrid: Centro de Estudios Ramón Areces.

Fernández-Abascal, E.G. (1997). *Psicología General. Motivación y Emoción.* Madrid: Centro de Estudios Ramón Areces.

Grossarth-Maticek, R., Eysenck, H. J., & Vetter, H. (1988). Personality Type, Smoking Habit and Their Interaction as Predictors of Cancer and Coronary Heart Disease. *Personality and Individual Differences, 9 (2)*, 479-495.

Holahan, C.J. (1991). *Psicología ambiental. Un enfoque general.* México: Editorial Limusa.

Maddi, S.R. & Kobasa, S.C. (1984). *The hardy executive: Health under stress.* Dow Jones, Irwin: Homewood, III.

Myers, D.G. (1992). *Psicología.* Madrid: Panamericana.

Pennebaker, J.W. (1997). *Opening Up: The Healing Power of Expressing Emotions.* New York: Guilford Press.

Pinillos, J.L. (1975). *Principios de Psicología.* Madrid: Alianza Editorial.

Seligman ME, & Csikszentmihalyi M. (2000). Positive psychology: An introduction. *American Psychologist. 55,*5-14.

Capítulo 3.

Psicología evolutiva y salud: características de etapa y salud

3.1. Introducción

La vida de una persona está protagonizada por un constante cambio, desde que nace hasta que muere. Sin dejar de ser nosotros mismos, nuestras vidas atraviesan diferentes momentos psicológicos (infancia, niñez, adolescencia, juventud, madurez y vejez), denominados *etapas* o *estadios*, cuyas características definitorias muestran la constante transformación y lo que somos en cada una de ellas. A lo largo de su desarrollo cada individuo se va conformando como un miembro más de su especie (filogenia) en una particular e irrepetible combinación (ontogenia) de experiencias de vida en interacción con su potencialidad genética. Aunque podamos reconocernos a nosotros mismos en cada momento (siempre soy yo) sin romper el continuo, cambiamos más de lo que quizás seamos conscientes.

Y este proceso de cambio es el *Ciclo Evolutivo*, en el que se da una compleja interacción de naturaleza y crianza, o, dicho de otra manera, de herencia y aprendizaje. Somos lo que somos en virtud de nuestra herencia genética, lo que nos viene dado, y, por tanto, evolucionamos en la medida que maduramos. Pero también somos lo que somos en virtud de nuestras experiencias de vida, de lo que aprendemos a través de los procesos de socialización y culturización del entorno en el que nos ha tocado vivir y criarnos.

El protagonista del Ciclo Evolutivo es el proceso de desarrollo. Un *proceso* de carácter *continuo* que expresa el conjunto de transformaciones que sufre un individuo desde su fecundación hasta la muerte. A nivel biofísico fundamentalmente consiste en un proceso de maduración y diferenciación en el que las nuevas células se van ocupando de funciones especializadas diferentes, convirtiéndose en los diversos órganos y sistemas del cuerpo. Análogamente, a nivel psicológico, consiste en un proceso de construcción, de diferenciación y ampliación de las capacidades conductuales, relacionales y mentales del ser humano, que constituyen los distintos sistemas de respuesta al medio. Y, conforme avanzamos en nuestro Ciclo Evolutivo, conforme maduramos y aprendemos, nuestra capacidad de comprensión de nuestro mundo y nuestro conocimiento de él van a su vez cambiando, plasmándose en diferentes representaciones del mismo. Representaciones que median nuestras reacciones y adaptación.

Hasta aquí hemos manejado dos conceptos aparentemente contradictorios. Los conceptos de *etapa/estadio* por un lado y de *continuum* por otro. Digamos que siendo el proceso evolutivo realmente continuo, a efectos descriptivos y de estudio, utilizamos rasgos preeminentes de determinados momentos del desarrollo para definir un sistema de clasificación que nos permite visualizarlo didácticamente como una sucesión de etapas.

Vamos a enfocar este tema desde la perspectiva de las características de etapa que pudieran constituirse en necesidades o en factores significativos a la hora de abordar los cuidados de salud. La salud, la enfermedad y todo lo que las rodea, es una experiencia más de vida que irá tomando diferentes formas, progresando a través de una secuencia acorde a los distintos estadios del desarrollo del Ciclo Vital. No vamos a desarrollar las teorías exhaustivamente y a exponer autor por autor. Llevaremos a cabo una somera introducción a las mismas y seleccionaremos de cada autor o teoría aquello que nos parece más relevante desde la perspectiva que acabamos de anunciar.

3.2. Breve introducción a las aportaciones de Erikson, Freud y Piaget

3.2.1. Erikson y la Teoría Psicosocial

Erikson estaba interesado en cómo los niños se socializan y cómo esto afecta a su sentido de identidad personal. En cada etapa la persona encara un reto proveniente de su entorno que pone a prueba su capacidad adaptativa, surge entonces un conflicto entre nuevas necesidades y demanda sociales, que provocan una crisis. La crisis es un momento decisivo (coyuntura crítica) que deja residuos tanto positivos como negativos, e influyen en el desarrollo futuro. Si lo positivo supera lo negativo, el ego resulta fortalecido y el individuo se dota de actitudes favorables hacia el mundo y sí mismo. Las interacciones acertadas con los demás serán el motor de superación. Según la teoría, la terminación exitosa de cada etapa contribuye a la construcción de una personalidad sana (desarrollo de virtudes). El fracaso a la hora de completar con éxito una etapa puede dar lugar a una capacidad reducida para terminar las otras etapas y, por lo tanto, a una personalidad y un sentido de identidad personal menos sanos (desarrollo de malignidades). Son 8 las etapas descritas por Erikson: 1) Lactancia; 2) Niñez temprana; 3) Edad del juego; 4) Edad escolar; 5) Adolescencia; 6) Primera juventud; 7) Juventud y primera madurez; y 8) Final de la madurez.

La teoría se expone resumidamente en el cuadro 1.

Cuadro 1. *Resumen de la Teoría Psicosocial del Desarrollo de Erik Erikson*

Etapa/Edad	Éxito	Fracaso	Fuerza del Yo o virtud
1) 12 primeros meses (lactancia).	*Confianza*: el niño se siente protegido y seguro, desarrolla el sentimiento básico de confianza ante la vida.	*Desconfianza*: reñido, desprotegido o abandonado, teme y aprende a desconfiar del mundo.	*Esperanza*
2) 1-3 años (niñez temprana)	*Autonomía*: el niño se ve como independiente, se atreve a hacer cosas y desarrollar sus capacidades.	*Vergüenza y duda*: demasiado controlado por los padres, no se atreve, duda, aprende tarde todo.	*Voluntad*
3) 4-5 años (edad del juego)	*Iniciativa*: imaginación, viveza, actividad. Orgullo por las propias capacidades.	*Culpabilidad*: falto de espontaneidad. Inhibición. Sentirse culpable (malo).	*Determinación*
4) 6-11 años (edad escolar)	*Laboriosidad*: trabajador. Emprendedor. Le gusta hacer cosas y jugar. Competitivo.	Inferioridad: pereza, falta de iniciativa, evitación de la competición. Se cree inferior y mediocre.	*Competencia*
5) 12-18 años (adolescencia)	*Identidad del Yo*: sabe quién es y que quiere en la vida. Seguridad e independencia. Se es capaz de aprender mucho. Sexualidad integrada.	*Confusión de roles*: inseguridad. No se sabe lo que se quiere. Uno no sabe situarse frente al trabajo, la sociedad y la sexualidad.	*Fidelidad*
6) 18-24 años (primera juventud)	*Intimidad*: capacidad de amor y entrega. Sexualidad enriquecedora y vínculos sociales estables y abiertos.	*Aislamiento*: dificultades para relacionarse. Problemas de carácter. Relaciones no auténticas.	*Amor*
7) 25-64 años (juventud adulta y primera madurez)	*Generatividad*: se es creativo en muchas áreas de la vida. Colaboración con nuevas generaciones.	*Estancamiento*: empobrecimiento temprano. Egocentrismo. Improductividad.	*Cuidado*
8) ≥ 64 (final de la madurez)	*Integridad del Yo*: se acepta la propia vida como algo valioso. Satisfacción de haber vivido.	*Desesperación*: se considera que se ha perdido el tiempo y que la vida se termina. Temor a la muerte.	*Sabiduría*

3.2.2. Freud y la Teoría Psicosexual

Desde el enfoque psicoanalítico se concede una extraordinaria ponderación a los primeros estadios del desarrollo, ya que entiende que la personalidad de un individuo quedaría formada antes de los cinco años de vida. Y ello porque el Yo está constituido por la sedimentación de las primeras relaciones objetales. Cuando hablamos de objeto en la teoría de las relaciones objetales nos estamos refiriendo siempre a un a una persona (objeto humano) o imagen, más o menos distorsionada, de ésta. Es un objeto de amor/odio, que el Yo busca para encontrar respuesta a su necesidad de relación. La teoría de las relaciones objetales habla de las necesidades personales de relación del Yo (ser visto, reconocido o comprendido, o el de compartir la propia experiencia subjetiva con otro ser humano), que simplemente encuentran respuesta en el objeto, o no la encuentran. Cuando éstas no encuentran respuesta, la reacción emocional del sujeto es de vacío y desesperanza. Cuando sí la encuentran, surge la armonía y plenitud.

Se trata de que el desarrollo de las estructuras psíquicas perdurables se originan en la internalización de las experiencias de relación con los objetos. Posteriormente (edad adulta) se produce la actualización de las estructuras relacionales internalizadas (efecto determinante del objeto interno sobre la vida posterior del sujeto), encarnándose en nuevas relaciones de forma en que estas últimas determinan las nuevas relaciones interpersonales que se establecen posteriormente y que a su vez serán internalizadas (efecto estructurante que la relación real con el objeto y con el entorno cultural tiene sobre el psiquismo). En consecuencia, la vida de relación toma la forma de un proceso circular, con base en los primeros estadios de la vida. En otras palabras, en los primeros 5 años de nuestra vida se originan formas estables de relacionarse con los demás que serán el molde de las futuras relaciones.

Freud consideró que el comportamiento humano estaba motivado por las *pulsiones* (representaciones de las necesidades físicas) que, entre otras cosas, le empujan a la consecución del placer. A la energía motivacional de estas pulsiones de vida la llamó Libido. Freud observó que en distintas etapas de nuestra vida, diferentes partes del cuerpo eran la fuente de mayor placer o *zonas erógenas.*

Basándose en estas observaciones, se postuló su teoría de los estadios psicosexuales.

En la vida del niño son esenciales las sensaciones y emociones. Y estas se generan, de manera significativa, asociadas a las mencionadas zonas erógenas, cuyo desarrollo y prevalencia en el curso de la evolución están condicionadas biológicamente, conformándose así los estadios del desarrollo de la libido: 1) oral, 2) anal, 3) fálico, 4) latente, y 5) genital. El crecimiento mental y emocional del niño depende de las interacciones sociales, pero también de las ansiedades y gratificaciones ocurridas con relación a dichas zonas erógenas (el carácter quedará definido por las satisfacciones y frustraciones durante cada etapa). Lo acontecido en estas etapas tiene sobre todo un *valor simbólico*. El tipo de relaciones que el niño mantiene con los objetos, personas o cosas (relaciones objetales) en la búsqueda de la satisfacción de sus instintos para descargar su tensión y la confrontación con la realidad, dará lugar a patrones de comportamiento que se generalizarán a ámbitos más globales. En el cuadro 2 se resume la Teoría Psicosexual del Desarrollo de Freud.

Cuadro 2. *Teoría Psicosexual del Desarrollo de Freud*

Etapa Psicosexual	Edad	Descripción
Oral	Primer año	La libido se expresa en la boca. Los bebés obtienen placer por medio de actividades orales como chupar, masticar y morder. Las actividades de alimentación y lo que las rodea son fundamentales en las relaciones objetales y satisfacción de las pulsiones. Por ejemplo, un destete abrupto puede ser la base de una futura relación de excesiva dependencia con la pareja.
Anal	1-3 años	La micción y la defecación se convierten en métodos esenciales para la satisfacción de las pulsiones. El aprendizaje del control y las actitudes de los padres (y profesores) pueden dar lugar a conflictos. Se aprende el binomio dar y retener.
Fálica	3-6 años	En esta etapa el niño obtiene placer con la exploración/estimulación genital. Descubren las diferencias sexuales y se sienten interesados por el sexo opuesto. Se establece el triángulo Edípico y se vive la primera exclusión afectiva. Además de vivir a favor o en contra de un objeto, se aprende a vivir sin el objeto.
Latencia	6-11 años	Las pulsiones libinidosas quedan suspendidas (reprimidas) o sublimadas por el interés social, el trabajo escolar y el juego vigoroso. El Yo y el Super-Yo continúan desarrollándose a medida que el niño obtiene más recursos de afrontamiento y resolución de problemas en la escuela, internalizando valores sociales.
Genital	12 años a adulto	La pubertad provoca un nuevo despertar de las pulsiones, ahora específicamente sexuales. Se debe aprender a cómo expresar estos impulsos en formas socialmente aceptables.

3.2.3. Piaget y la Teoría Cognoscitiva

A través de sus estudios Piaget se dio cuenta de que la mente del niño no es un modelo en miniatura de la mente adulta, sino una *estructura mental* distinta (y evolutivamente cambiante) con la que los niños elaboraban el conocimiento del mundo de manera completamente diferente al adulto. El desarrollo cognitivo del niño avanza a través de una serie de etapas desde los sencillos reflejos del recién nacido hasta la capacidad de razonamiento abstracto del adulto. El comportamiento inteligente es la capacidad para adaptarse a situaciones nuevas de forma eficaz. A su vez la adaptación es un doble proceso compuesto por *asimilación* y *acomodación*. La *asimilación* es la incorporación de lo nuevo (objeto, experiencia ó concepto) al conjunto de esquemas existentes (el biberón se asimila al esquema "mamar pezón"), la *acomodación* consiste en el cambio de las propias acciones para manejar nuevos objetos, situaciones, etc., (la tetina del biberón cambia sus movimientos bucales). Para Piaget todo el proceso de desarrollo de la inteligencia está en el juego entre los dos aspectos de la adaptación: la asimilación y la acomodación.

En el párrafo anterior se ha empleado el término *esquema*, que es uno de los conceptos cruciales del enfoque piagetiano. El *esquema* es la unidad de conocimiento, compuesta de una conceptualización de una situación específica, y de una conducta observable referida a tal situación. Los esquemas son maneras de ver el mundo que organizan nuestras experiencias anteriores y proporcionan un marco para integrar las experiencias futuras. Cada etapa del desarrollo se caracteriza por una estructura organizada de esquemas. Piaget describe cuatro fases en el desarrollo: 1) periodo sensoriomotriz; 2) periodo preoperatorio; 3) periodo de las operaciones concretas; y 3) periodo de las operaciones formales. En el cuadro 3 se resume la Teoría Cognoscitiva de Piaget.

Cuadro 3. *Teoría Cognoscitiva de Piaget*

Estadio	Edad (años)	Características de etapa
Sensoriomotor	0-2	La inteligencia es acción. No hay representación interna de los acontecimientos externos, ni piensa mediante conceptos. Mecanismos reflejos congénitos. Reacciones circulares primarias (1-4 meses): reitera acciones casuales que le han provocado placer. Reacciones circulares secundarias (4-12 m.): orienta su comportamiento hacia el ambiente externo, mueve objetos y observa los resultados de sus acciones, e intenta reproducirlas y obtener nuevamente la gratificación obtenida. Nuevos descubrimientos por exploración y combinación de esquemas. Descubre que los objetos no dejan de existir cuando están ocultos.
Preoperacional	2-7	La inteligencia ya es simbólica, pero sus operaciones aún carecen de estructura lógica. El lenguaje gradúa su capacidad de pensar simbólicamente, usa imágenes mentales, imita, dibuja y realiza juegos simbólicos. Tiene dificultades para considerar el punto de vista de otra persona.
Operaciones concretas	7-12	El pensamiento infantil es ya lógico, a condición de que se aplique a situaciones de experimentación y manipulación concretas. Es capaz de resolver problemas tangibles en forma lógica. Comprende las leyes de la conservación. Aparecen los esquemas lógicos de seriación, ordenamiento mental de conjuntos y clasificación de los conceptos de casualidad, espacio, tiempo y velocidad. Entiende la reversibilidad y establece series.
Operaciones formales	12-14	Aparece la lógica formal y la capacidad para trascender la realidad manejando y verificando hipótesis de manera sistemática. Logra la abstracción sobre conocimientos concretos observados que le permiten emplear el razonamiento lógico inductivo y deductivo. Es capaz de resolver problemas abstractos en forma lógica. Desarrolla sentimientos idealistas y se logra formación continua de la personalidad, hay un mayor desarrollo de los conceptos morales.

Por último comentar que la comprensión o idea que el niño se formula de la enfermedad y la muerte, está ligada a su edad, nivel cognitivo, así como al tipo de experiencias que haya tenido en relación con la misma. Estos conceptos presentan en el niño una secuencia sistemática y predecible de acuerdo a los estadios del desarrollo planteados por Jean Piaget; es decir parte de conceptos globales y fenomenológicos propios del pensamiento *preoperacional* (pensamientos concretos) hasta conceptos psicofisiológicos más sofisticados característicos del estadio *operacional formal* (conceptos más abstractos).

3.3. Infancia y niñez

3.3.1. Infancia

La infancia es la etapa comprendida entre el nacimiento y los seis o siete años.

3.3.1.1. Primer año de vida

Para Erikson lo primero que se forma en el niño es la confianza básica (frente a la desconfianza). En el primer año el niño es dependiente y vulnerable. Se produce un conflicto entre la inmediatez de sus necesidades, con su incapacidad para satisfacerlas, y su absoluta dependencia de los adultos. Es el momento crítico para que se forme o no el sentido de la confianza. Éste depende en gran medida de las posibilidades que tenga el bebé para experimentar un máximo de confort físico con un mínimo de incertidumbre, temor e inseguridad (como el de su ámbito de procedencia, el útero, un ambiente de regularidad rítmica, cálido y protector). Las experiencias corporales proporcionan la base: respiración, ingestión, digestión, etc. La *regularidad* y el ritmo, en el sueño, la comida, etc., le otorgan un sentido de lo *esperable*, las caricias que le alivian la tensión, todo esto le otorga seguridad y confianza. Si se le asegura esto, extenderá su confianza a nuevas experiencias, que aceptará de buena gana. Todo lo que se desvíe de lo normal y que no tenga un resultado positivo inclina la balanza hacia el polo de la desconfianza.

Para Freud la boca es la primera zona importante de excitación, sensibilidad y energía. Durante el primer año de vida el placer está ligado a la excitación de la cavidad bucal y de los labios. Es el estadio en el que la alimentación se acompaña de la relación casi exclusiva de la madre con el hijo, el cual se preocupa ante todo de comer. Durante la etapa oral pueden darse varios tipos distintos de funcionamiento (chupar, retener, mordisquear, escupir y devolver), los cuales sirven de prototipo para muchas de las futuras relaciones con situaciones, personas y objetos. Dicho de otro modo, el bebé dentro de la esfera oral y a través de las reacciones de la madre (cuidadora/dor) a sus propias acciones (y viceversa) comienza a establecer patrones de conducta relacional y afectiva.

Otra cuestión fundamental es el *apego* (o vínculo afectivo), una relación especial que el niño establece con un número reducido de personas, un lazo que le impulsa a buscar la proximidad y el contacto con ellas a lo largo del tiempo. Bowlby (1985) define la conducta de apego como cualquier forma de comportamiento que hace que una persona alcance o conserve proximidad con respecto a otro individuo diferenciado y preferido. El bebé (según ésta teoría) nace con un repertorio de conductas las cuales tienen como finalidad producir respuestas en los padres: la succión, las sonrisas reflejas, el balbuceo y el llanto, no son más que estrategias, por decirlo de alguna manera, del bebé para vincularse con sus padres (y cuidadores). Con este repertorio los bebés buscan mantener la proximidad con la figura de apego, resistirse a la separación, protestar si se lleva a cabo (*ansiedad de separación*), y utilizar la figura de apego como base de seguridad desde la que explora el mundo. La respuesta de temor suscitada ante la inaccesibilidad de la madre, puede considerarse una respuesta adaptativa básica, una respuesta que, en el curso de la evolución se ha convertido en parte intrínseca del repertorio de conductas del hombre en virtud de su contribución a la supervivencia de la especie. Es un mecanismo innato de seguridad y se hace más relevante en situaciones que el niño percibe como amenazantes (enfermedades, caídas, separaciones, peleas con otros niños). A partir de los primeros meses de vida y durante toda la existencia del ser humano, la presencia o ausencia (física) de una figura de afecto es una variable clave que determina el que una persona se sienta o no alarmada por una situación potencialmente estresante. A partir de esa misma edad y durante toda su vida, una segunda variable de importancia es la confianza o falta de confianza que experimenta la persona con respecto a la disponibilidad de la figura de apego (este o no presente físicamente) de responder a sus requerimientos cuando por alguna razón lo desee.

Se han definido diferentes tipos de apego a partir de la denominada *Situación del Extraño*, en la que se observa la conducta del niño en tres momentos: a) la madre y el niño son introducidos en una sala de juego en la que se incorpora una desconocida; b) mientras la desconocida juega con el niño, la madre sale de la habitación dejando al niño con la persona extraña; c) La madre regresa y vuelve a salir, esta vez con la desconocida, dejando al niño completamente solo; d) finalmente regresan la madre y la extraña. Tal y como esperaba, se encontró que los niños exploraban y jugaban más en presencia de su madre, y que esta conducta disminuía cuando entraba la desconocida y, sobre todo, cuando salía la madre. A partir, de estos datos, quedaba claro que el niño utilizaba a la madre como una base segura para la exploración, y que la percepción de cualquier amenaza activaba las conductas de apego y hacía desaparecer las conductas exploratorias. Este tipo de experimentación permitió diferenciar entre distintos tipos de apego: seguro, inseguro-evitativo e inseguro-ambivalente.

El *Apego seguro* es un tipo de relación con la figura de apego que se caracteriza porque en la situación experimental los niños lloraban poco y se mostraban contentos cuando exploraban en presencia de la madre. Inmediatamente después de entrar en la sala de juego, estos niños usaban a su madre como una base a partir de la que comenzaban a explorar. Cuando la madre salía de la habitación, su conducta exploratoria disminuía y se mostraban claramente afectados. Su regreso les alegraba claramente y se acercaban a ella buscando el contacto físico durante unos instantes para luego continuar su conducta exploratoria. En las observaciones llevadas a cabo en el hogar de estas familias se constató que las madres se habían comportado en la casa como muy sensibles y responsivas a las llamadas del bebé, mostrándose disponibles cuando sus hijos las necesitaban.

El *Apego inseguro-evitativo* es un tipo de relación con la figura de apego que se caracteriza porque los niños se mostraban bastante independientes en la *Situación del Extraño.* Desde el primer momento comenzaban a explorar e inspeccionar los juguetes, aunque sin utilizar a su madre como base segura, ya que no la miraban para comprobar su presencia, por el contrario la ignoraban. Cuando la madre abandonaba la habitación no parecían verse afectados y tampoco buscaban acercarse y contactar físicamente con ella a su regreso. Incluso si su madre buscaba el contacto, ellos rechazaban el acercamiento. Su desapego era semejante al mostrado por los niños que habían experimentado separaciones dolorosas. En la observación en el hogar las madres de estos niños se habían mostrado relativamente insensibles a las peticiones del niño y/o rechazantes. Los niños se mostraban inseguros, y en algunos casos muy preocupados por la proximidad de la madre, lloraban incluso en sus brazos. Como habían sufrido muchos rechazos en el pasado, en la *Situación del Extraño* intentaban negar la necesidad que tenían de su madre para evitar frustraciones. Así, cuando la madre regresaba a la habitación, ellos renunciaban a mirarla, negando cualquier tipo de sentimientos hacia ella.

El *Apego inseguro-ambivalente* se muestran muy preocupados por el paradero de sus madres y apenas exploran en la *Situación del Extraño*. La pasan mal cuando ésta sale de la habitación, y ante su regreso se muestran ambivalentes. Vacilan entre la irritación, la resistencia al contacto, el acercamiento y las conductas de mantenimiento de contacto. En el hogar, las madres de estos niños habían procedido de forma inconsistente, se habían mostrado sensibles y cálidas en algunas ocasiones y frías e insensibles en otras. Estas pautas de comportamiento habían llevado al niño a la inseguridad sobre la disponibilidad de su madre cuando la necesitasen

La relación más importante en la vida de un niño es el apego a su madre o cuidador primario, esto es así, ya que esta primera relación determina el *molde* biológico y emocional para todas sus relaciones futuras. Un apego saludable a la madre, construido de experiencias de vínculo repetitivas durante la infancia, provee una base sólida para futuras relaciones saludables. En la actualidad está tomando importancia la relación o vínculo de apego del niño con el padre, figura ésta de gran importancia para el normal desarrollo evolutivo de todo ser. Generalmente el apego tiene lugar en los primeros 8 a 36 meses de edad. La teoría defiende tres postulados básicos:

- Cuando un individuo confía en contar con la presencia o apoyo de la figura de apego siempre que la necesite, será mucho menos propenso a experimentar miedos intensos o crónicos que otra persona que no albergue tal grado de confianza.

- La confianza se va adquiriendo gradualmente durante los años de inmadurez y tiende a subsistir por el resto de la vida.
- Las diversas expectativas referentes a la accesibilidad y capacidad de respuesta de la figura de apego forjados por diferentes individuos durante sus años inmaduros constituyen un reflejo relativamente fiel de sus experiencias reales.

Cuando el trato es afectuoso y los padres se muestran atentos y disponibles, el menor desarrolla un modelo de apego caracterizado por la seguridad y confianza en sí mismo y en los demás (apego seguro). Estos niños serán afectuosos y seguros en sus relaciones, tanto con los amigos como en sus futuras relaciones de pareja e incluso parento-filiales. Si el trato recibido de los padres no es consistente, pues en bastantes ocasiones no están disponibles y atentos -una de cal y otra de arena-, aprenderán a desconfiar de los demás e igualmente se mostrarán inseguros con respecto a su propia valía personal. La desconfianza y los celos serán los rasgos más singulares de estos sujetos a la hora de establecer relaciones interpersonales (apego inseguro ambivalente). Por último, cuando la disponibilidad parental es escasa y los padres ignoran e incluso rechazan al menor, éste construirá un modelo basado en la autosuficiencia y la incapacidad para establecer relaciones afectivas. Serán hombres y mujeres que se mostrarán fríos y evitarán el compromiso emocional, pues se bastan a sí mismos (apego inseguro evitativo).

Desde los siete meses de edad, los niños son muy sensibles a las separaciones y vulnerables a percibir separaciones inesperadas como amenazas a la relación de afecto con su madre o padre. Antes de esta edad no son tan sensibles porque los lazos afectivos se están formando, y después de los 4 años tampoco lo son, puesto que han adquirido las habilidades cognitivas que mantienen la relación con sus figuras de apego cuando están ausentes. En este proceso muchos niños utilizan muñecos u otros objetos que les inspiran confianza y les ayudan a controlar la ansiedad de separación.

Entre 0 a 2 años y en relación a sus capacidades cognitivas y la percepción de la enfermedad y la muerte, no hay una comprensión cognoscitiva de la muerte, desconoce la enfermedad y/o da respuestas irrelevantes. Por el contrario, si siente desesperación por la interrupción en el cuidado que se recibe de la persona fallecida, pero la percibe como una separación o abandono. También pueden percibir la ansiedad de las emociones de quienes los rodean. Cuando los padres o los seres queridos de un niño están tristes, deprimidos, asustados o enojados, los niños intuyen estas emociones y manifiestan preocupación o miedo. Los términos *muerte*, *para siempre* o *permanente* pueden no tener un valor real para los niños de este grupo de edad. Aun contando con experiencias previas con la muerte, el niño puede no comprender la relación entre la vida y la muerte. No existe constancia, además, hasta los 3-4 años de que sepan lo que es la enfermedad.

Cuadro 4. *Aportaciones al cuidado infantil en el primer año de vida*

Primer año	Acciones de cuidado
Formación de la confianza	Se deben dar cuidados que le proporcionen comodidad y confort (que no pase frío o calor), satisfacer sus necesidades en todo momento respetando la regularidad necesaria del sueño, la comida, etc. Es crucial el contacto con el bebé, la caricia, mecerle, hablarle dulcemente y con distintas inflexiones, abrazarlo y acercarlo al corazón para que escuche el latido. Maximizaremos que el mundo del bebé sea predecible, confortable y regular (parecido al seno materno). Mantener una rutina constante es importante para el niño y las personas que están a su cargo. Debido a que los bebés no pueden comunicar sus necesidades verbalmente, frecuentemente expresan el miedo a través del llanto. Esto no implica que en el mundo del niño no existan algunas molestias o insatisfacciones (como cuando por razones ajenas a mi voluntad me retraso en darle de comer), pero la balanza debe pesar más por el lado de la satisfacción que el de la frustración. De esta manera el niño alcanzará la confianza básica y experimentará la esperanza, sentimientos ambos necesarios para la siguiente etapa.
Oralidad	El adulto ante todo debe recordar, y esto es válido para todas las etapas, que el infante, a través de la satisfacción/insatisfacción de la libido establece relaciones con él/ella, y que es la cualidad de esta relación lo que realmente determina en aquél la formación de patrones de conducta y las vivencias emocionales asociadas. El adulto (normalmente la madre) debe procurar ser una figura estable de vinculación y ofrecer un marco tranquilo para desarrollar una relación en la que lo psíquicamente importante no es comer sino sentirse satisfecho, y encontrar un modelo adecuado para cada modo de funcionamiento (chupar, retener, mordisquear, escupir y devolver). Recordemos que la balanza satisfacción/insatisfacción debe ser siempre favorable a la primera, independientemente de que una ligera cantidad de frustración es necesaria para el desarrollo del Yo y la adaptación a la realidad.
Apego	Es muy importante ser sensible y responder a las llamadas del bebé, mostrándose disponibles cuando los niños nos necesitan. El acto de coger el bebé al hombro, mecerlo, cantarle, alimentarlo, mirarlo detenidamente, besarlo y otras conductas nutrientes asociadas al cuidado de infantes y niños pequeños, son experiencias de vinculación. Algunos factores cruciales de estas experiencias de vinculación incluyen la calidad y la cantidad. Los científicos consideran que el factor más importante en la creación del apego, es el contacto físico positivo (ej: abrazar, besar, mecer, etc.), ya que estas actividades causan respuestas neuroquímicas específicas en el cerebro que llevan a la organización normal de los sistemas cerebrales responsables del apego. Las experiencias de vinculación conducen a un apego y capacidades de apego saludables cuando ocurren en los primeros años. Tener en cuenta a su mantita o al muñeco que les sirve para aliviar su separación.

3.3.1.2. Segundo y tercer año

A nivel psicomotor ha madurado mucho. De acuerdo a Erikson, no actúa por actuar, su conducta es ya propositiva, se expande y actúa de acuerdo con la propia voluntad (padre: "no te quites los zapatos"; hijo: "es que me pican los pies"). Explora su mundo y realiza nuevas proezas. Quiere hacerlo todo sólo: alimentarse, vestirse, etc. Con la confianza ganada en la etapa anterior afirma un sentido de *autonomía* para realizar su voluntad (precisamente la voluntad es el gran logro de esta etapa). Pero al mismo tiempo surge un conflicto con el estado de total dependencia del que gozaba en la etapa anterior (por otra parte agradable y cómodo) y el peligro de verse atrapado en situaciones que excedan su capacidad de resolución, lo que provoca temor a sobrepasar sus propios límites, lo que a su vez configura el sentido de la duda y la vergüenza.

Para Freud, desde los dos a los cuatro años existe un placer ligado a la función de defecación, a la expulsión o a la retención de los excrementos (también aplicable a la micción y el orinar). En este estadio se produce el conflicto entre el placer instintivo de eliminar y los intentos de control por parte del Yo, entre el placer de la evacuación y las exigencias de demora impuestas por el mundo externo (probablemente el primer enfrentamiento Ello-Yo). Se trata del primer gran conflicto entre el individuo y la sociedad. El medio exige al niño la violación del principio del placer o, de lo contrario, le castiga. Dada la gran importancia que los adultos conceden a las defecaciones, es lógico que el niño considere esos productos como valiosos y decida guardarlos antes que darlos, o utilizarlos como regalo, o retenerlo como actitud hostil. Todo objeto de su deseo es cualquier cosa respecto a la cual ejerce derechos, y todo objeto es asimilable a su posesión más primitiva, es decir, a sus materias fecales. Así la actitud contradictoria de cara a las materias fecales sirve de modelo a las relaciones con los demás. Así se habla posteriormente del carácter anal para referirse al grupo de rasgos de carácter tales como la avaricia, la manía del orden o la terquedad. Esos rasgos se desarrollan como defensa permanente (sublimación, formación reactiva) contra un erotismo anal particularmente fuerte. Naturalmente, a medida que el área de preocupación se cargue intensamente de sentimiento, el niño transferirá el significado de esta lucha a otras áreas de su vida.

Siguiendo a Piaget, de los 2 hasta los 6 años el razonamiento del niño se caracteriza por ser egocéntrico (todo gira a su alrededor), la relación causa-efecto es inmediata (conecta cosas que no tienen relación causal sólo porque pasan al mismo tiempo) y carece de la noción de reversibilidad. Como dijimos en el apartado anterior, hasta los 3/4 años no hay constancia de que el niño sepa que es enfermedad. En relación a ello se refiere sólo a anécdotas vividas y normalmente asociadas a los síntomas más relevantes ("sopla fuerte para que se te quite la tos y no te pongas malito"), siendo la enfermedad y el tratamiento una forma de castigo ("si andas descalzo te pones malito") o amenaza ("si no como todo no me hago grande y tengo que ir al médico").

Cuadro 5. *Aportaciones al cuidado infantil en el segundo año de vida*

Segundo año	Acciones de cuidado
Autonomía frente a vergüenza y duda	La etapa se resuelve aprendiendo el niño a querer lo que puede ser. Necesita guía comprensiva y apoyo graduado, para evitar que se sienta desorientado, con vergüenza y dudas sobre sí mismo. Los progenitores (y lo sanitarios) deben manejar al pequeño de manera que acentúe su dignidad, independencia y confianza. Para ello establecerán límites sensatos de manera que la autonomía promovida no se frustre. El adulto otorga libertad en ciertas áreas y mantiene una negativa firme en otras. El niño que conoce sus límites y lo que se espera de él, gana seguridad en sí mismo y su crecimiento será sano (sin vergüenza). Ello será casi imposible si se encuentre implicado en actividades que cree entiende y pero que en realidad no puede manejar adecuadamente. Es también crucial que el adulto (profesional sanitario) *aplauda* (*refuerzo positivo*) las conductas autónomas del niño (coger la cuchara, abrocharse). Estar atento para : a) que el niño haga lo que pueda hacer por sí solo, aunque lo haga más despacio; b) ayudarle lo mínimo en lo que no pueda hacer solo, para que casi lo haga sin ayuda; c) limitarle en las actividades que están muy fuera de su alcance (o pueden ser peligrosas), pero ayudarle en los pasos que le conducen hacia su ejecución. De esta manera, al tiempo que le evitamos la vergüenza (por el fracaso) y la duda, afianzamos su autonomía. Cuando el niño se vea frustrado y avergonzado, podremos ayudarle mediante el juego *reparador*. A través de personajes reproducimos la circunstancia en que resultó avergonzado y le damos un nuevo final a través de mostrarle las nuevas habilidades que necesitaba para resolverla. El juego ofrece un refugio seguro que permite desarrollar autonomía dentro de su propio conjunto de límites, tal que puede dominar la duda y la vergüenza. El pequeño mundo de los juguetes es un mundo seguro creado por el niño y en el que puede reorganizar su yo. El niño debe incorporar la experiencia de la frustración como una realidad de su vida, concebida como algo natural de hechos concretos, no como una amenaza total a su propia existencia. Es importante que el niño comprenda, que un ataque a su autonomía (p.e. la frustración) en un área no lo reduce a la impotencia en todas las demás. Y por último no olvidar que el niño necesita oponerse para manifestar su propia autonomía. Es importante no caer en descalificaciones globales (en vez de "no te quiero", decir "no me gusta que hagas eso").
Analidad	El adulto debe permanecer atento al valor de *cambio* de las heces, tratándolo con generosidad y flexibilidad, sin atosigarlo buscando un control de esfínteres demasiado prematuro. Dada la gran importancia en la cultura occidental que se da al control de esfínteres, esta zona se asocia con la lucha por la autonomía. Dichas experiencias proporcionan un tema y una prueba de la idea general del niño acerca de la autorregulación frente a la regulación por otros. La educación de esfínteres conduce a una mayor autonomía del niño, así como a su subordinación a la dirección de los adultos en un área de conducta que hasta ese momento se ha desarrollado sin ninguna inhibición. Deben valorarse sus logros, pero no más que otros, sin presionar y sin hacer un mundo de los *accidentes* y *regresiones*.
Cognición (inicio etapa pre-operacional)	Comprender la falta de capacidad del niño para entender la relación entre las causas, la enfermedad y el tratamiento, y por ello su negativa a colaborar. Si la medicina sabe mal y no hay conexión inmediata con su bienestar (finalización de los síntomas), es normal que no quiera tomarla. Deberemos construir relaciones entre los hechos que puedan ser inteligibles por él.

Los niños en edad pre-escolar pueden comenzar a comprender que la muerte es algo que atemoriza o entristece a los adultos, pero no comprenden que es realmente la muerte y que es algo permanente, que cada persona y cada ser vivo finalmente muere, ni que los seres muertos no comen, no duermen ni respiran.

3.3.1.3. Cuarto y quinto años de vida

De acuerdo a Erikson, entre los 4 y 5 años el tema fundamental es la polaridad de la *iniciativa* en oposición a la *culpabilidad* por haber ido demasiado lejos, siendo *la determinación* el gran logro de esta etapa. Desde el punto de vista psicomotriz el niño camina perfectamente, corre, brinca, etc. cada vez con mayor coordinación, desplazándose con más libertad, conocimiento y energía en un medio cada vez más amplio, y ha mejorado mucho su lenguaje y habilidades de comunicación. Esta extensión del lenguaje y la locomoción hace que el niño ensanche su campo de actividad e imaginación Es la época de explorar el mundo, especialmente a través del juego. Después de haber aprendido a ejercer cierto grado de autocontrol consciente y control sobre el medio, el niño puede avanzar rápidamente hacia nuevas conquistas sociales y espaciales, y es inevitable que algunas de las posibilidades lo atemoricen, o que el adulto le recrimine. Inicia conductas que trascienden los límites de su persona, introduciéndose en las esferas de otros, implicándolos en su propia conducta. Y esto implica la aparición se sentimientos de incomodidad y culpa, porque la confiada autonomía que alcanzó es inevitablemente frustrada en alguna medida por la conducta autónoma separada de los otros, que no siempre concuerda con la suya propia y que, sobre todo, niega hasta cierto punto las formas anteriores de confiada dependencia que había creado con los adultos que lo cuidan. El niño a menudo teme haber excedido sus derechos, y, en efecto, suele ser ese el caso. Así, esta fase aporta momentos en los que experimenta un sentido de realizaciones auténticas y momentos en los que se originan el temor al peligro y un sentimiento de culpa.

Por su parte, para Freud, el niño y la niña se interesan cada vez más por lo genitales y reconocen las diferencias sexuales (la ausencia de pene en la mujer), marcando el inicio de la identidad sexual. Es decir, toman conciencia de si son hombre o mujer. Sería en este estadio cuando el Complejo de Edipo (y Electra), también denominado conflicto edípico (por los sentimientos encontrados), alcanzaría su punto culminante y comenzaría a declinar. El complejo describe la apertura a lo social (de la relación dual pasamos al trío), el primer *enamoramiento*, la primera mujer u hombre de su vida, y sobre todo la primera exclusión (papá y mamá les quieren, pero no con exclusividad y de manera diferente que a su pareja). En su afán de atraer al progenitor deseado (no genitalmente, sino afectivamente), se produce también la identificación con el progenitor del mismo sexo, se apropia de las cualidades de la otra persona y las integra dentro de su funcionamiento. Superar este complejo significa ante todo, para el niño, despegarse de su madre; para la niña, de su padre, y para ambos, abandonar los vínculos parentales y ser capaces de fijar las relaciones objetales libremente elegidas en un nuevo ámbito, el social (construir relaciones en el mundo de afuera). Se aprende a vivir, más allá de estar a favor o en contra del otro, sin el otro.

Con respecto a la enfermedad hay dos momentos consecutivos: a) fenomenismo, y b) contagio. En el caso del *fenomenismo* los fenómenos externos son irrelevantes y se justifica su relación con la enfermedad por la simple contingencia espacial y/o temporal. El niño no se siente implicado en la responsabilidad de la causa ni en la curación de la enfermedad, ni percibe los diferentes grados de enfermedad. Sería ejemplos de esta forma de pensar: "me acatarré por salir de excursión", "el médico me curó la tos con un palito de polo que me metió en la garganta". Posteriormente, en el "contagio", los niños ya localizan las condiciones externas como causa de enfermedad por proximidad física (se contagia la enfermedad, pero no los agentes causantes de ésta) o por alguna acción negligente que cometan. Atribuye por tanto el contagio a elementos cercanos, pero sin contacto directo. Por ejemplo: "me acatarré por jugar con los niños que tosían", "tengo mocos por no abrigarme". Todavía se puede pensar en la enfermedad como castigo.

Con respecto a la muerte, la siguen percibiendo como algo temporal o reversible, como en las historietas o los dibujos animados. Por ello, al decirle que alguien conocido murió lo escuchara sin grandes demostraciones afectivas y a los pocos días volverá a preguntar por la misma persona. La experiencia de la muerte con la que cuentan está influenciada por aquéllos que los rodean. Con frecuencia, la explicación sobre la muerte que recibe este grupo es "se fue al cielo". Pueden preguntar "¿por qué?" y "¿cómo?" se produce la muerte. El niño en edad pre-escolar puede sentir que sus pensamientos o acciones han provocado la muerte y, o la tristeza de quienes lo rodean, y puede experimentar sentimientos de culpa o vergüenza y se puede percibir la muerte como un castigo.

Cuadro 6. *Aportaciones al cuidado infantil del tercer al cuarto año de vida*

4-5 años	Acciones de cuidado
Iniciativa versus culpabilidad	Los adultos (padres, educadores, sanitarios) deben respetar su necesidad de intromisión y exploración, pero canalizándola. Expondremos la idea con un par de ejemplos. El niño o la niña pretenden elegir la ropa que se van a poner. Su iniciativa es irrefrenable, pero los criterios con los que cuentan para hacer su elección son escasos, simplemente que les gusta, pero no tienen la capacidad para establecer relaciones de su elección con el tiempo que hace, la actividad que van a realizar, etc. El adulto debe evitar dejarle plena libertad para elegir, sea por comodidad, sea bajo la idea errónea de que "así aprenderá", ya que no tiene la capacidad para aprender todavía de ese tipo de errores, y consiguiendo con ello solamente su frustración (pérdida de iniciativa). Para no frustrar su iniciativa y para evitar que su iniciativa sea frustrante, el adulto hará una preselección adecuada de ropa, dentro de la que el niño/a haga su elección sin posibilidad de error: "Esta es la ropa de playa.¿Cuál te pones?". Veamos otro ejemplo. El niño/a se encuentra manipulando sus genitales cuando es sorprendido por un adulto. Téngase en cuenta que el pequeño está explorando su mundo, en este caso su propio cuerpo, para conocerlo, y por supuesto puede experimentar sensaciones agradables pero sin intencionalidad sexual desde el punto de vista del adulto. El adulto debe evitar el *escándalo* (seguro que no lo haría si esta explorando la caja de los puzzles) y dejarlo actuar. ¿Y no tiene que canalizarlo? Si, siempre y cuando exista por parte del menor un *fijación* excesiva en dicha actividad exploratoria o la realice en situaciones socialmente incorrectas, y al igual que le hemos enseñado a orinar en unos sitios específicos, también le explicaremos dónde y cuándo puede explorar su cuerpo.
Fálico	El adulto no debe *jugar* a enamorar también (al hijo/a) y destronar al otro progenitor al ser objeto de las preferencias de su hijo/a. El adulto debe *colocar en su sitio* (en la relación) al infante, con tacto y cariño, tal que entienda que no es rechazado, que es amado, pero de una manera diferente al otro miembro de la pareja.
Preoperacional	Elaborar explicaciones de acuerdo a su estadio explicativo (fenomenismo o contagio), aunándolo con explicaciones relevantes para su salud ("para no resfriarte en la excursión hay que ponerse el jersey", "tómate la medicina para quitarte la tos, es como el palito del médico"). Hay que responder a sus dudas sobre la muerte, pero evitar cualquier posible desarrollo de un trastorno del sueño, nunca debe utilizarse el concepto de *dormir* al brindarle a estos niños una explicación sobre la muerte. La muerte es: "irse a un sitio muy lejano para no volver nunca más y aunque estemos tristes, la persona que se fue, aunque no quería irse tuvo que hacerlo y estará bien y nos sigue queriendo mucho" (posible explicación).

3.3.2. Niñez

La niñez se sitúa entre los 6 y 12 años. En esta etapa de los primeros años escolares, Erikson describe la dualidad emocional primaria que se produce entre la *laboriosidad* (el sentido de la propia competencia) y la *inferioridad*. El término *laboriosidad* implica estar ocupado con algo, aprender a hacer algo y hacerlo bien, ser competente en el aprendizaje. En todas las culturas, de manera más o menos formal, los niños reciben alguna forma de instrucción sistemática en esta etapa con la finalidad de enseñarles habilidades que serán necesarias en su sociedad y les ayudarán a alcanzar un sentido de dominio, y que a su vez se les demandará. Si los niños salen de las etapas anteriores con éxito, con sentido básico de la confianza, con autonomía e iniciativa, están listos para el trabajo laborioso que supone la escuela. El riesgo durante esta etapa es que se desarrollen sentimientos de inadecuación e inferioridad. El niño comienza a hacer comparaciones entre sí mismo y los demás y a percibirse con una actitud que puede ser menos o más favorable. Los niños de esta edad está listos para aprender a trabajar y necesitan desarrollar un *sentido de competencia* (dominar con habilidad), fuerza del yo o virtud asociada con esta etapa. La competencia (en el sentido de ser competente, no de competir con alguien) implica la capacidad de usar su inteligencia y habilidad para completar tareas que son de valor en la sociedad.

Para Freud entre el sexto año de vida y la pubertad, la apertura del niño a los intereses sociales y culturales que se le presentan en el período escolar, va acompañada de una debilitación de la curiosidad y actividad sexuales, que entran en fase muda (latencia). El impulso sexual está muy atenuado y se olvidan las pulsiones anteriores. La libido se canaliza en una serie de actividades derivadas, en gran parte, de las nuevas condiciones de socialización en que el niño está inmerso, y durante las cuales el niño se vuelca al descubrimiento del mundo exterior. El placer no se asocia ya a una zona erógena (boca, ano o genital), sino a la actividad social e intelectual, como sublimación de la líbido.

De acuerdo a Piaget entramos en la etapa de las operaciones concretas. La acción es ahora interna, representacional, aunque referida a la realidad concreta misma (operaciones de primer grado). Se llama operación a tres tipos de acciones mentales: las operaciones lógicas propiamente dichas (clases, relaciones lógicas y lógica de conjuntos); las denominadas operaciones infralógicas (operaciones matemáticas y temporoespaciales: tiempo, espacio y velocidad); y las operaciones cognoscitivas relativas a cosas como valores (moral) y relaciones interpersonales. Estas operaciones consisten en clasificar esa realidad, ordenarla en series, enumerarla, etc. Toman conciencia de la *reversibilidad*, y son capaces de seguir las transformaciones y reconstruir la sucesión inversa (inversión y reciprocidad) (si "tengo un hermano" se coordina con "mi hermano tiene un hermano" y la suma es dos y no tres, entonces "yo soy el hermano de mi hermano") y la *conservación* (los atributos permanecen constantes, aunque se produzcan ciertos cambios), y van incorporando paulatinamente reglas lógicas y matemáticas. Lo esencial es que el niño es capaz de reflexión. A través de los intercambios repetidos y a menudo frustrantes con sus pares, el niño debe llegar a abarcar cognoscitivamente la presencia de otros puntos de vista y perspectivas que difieren de la suya. A partir de estos enfrentamientos pasa gradualmente de un egocentrismo estático a la reversibilidad de perspectivas múltiples que es característica peculiar de las estructuras lógicas. La reflexión supera a la impulsividad (discusión interiorizada). Es capaz de cooperar, pues ya no confunde su propio punto de vista con el de los demás, dejando atrás su anterior egocentrismo.

En este momento empieza la comprensión del proceso de enfermar. En esta etapa la primera explicación que surge es la que atribuye la enfermedad a la *contaminación*. Se enferma cuando la superficie corporal entra en contacto con un agente contaminante (no se distinguen agente causal y vía de transmisión) o cuando se lleva a cabo una conducta reprobable o moralmente mala ("el cáncer viene de fumar"). La curación se produce cuando se deja de hacer la actividad mala o se separa del contaminante. Se diferencia entre distintos niveles de gravedad (dolor, duración, restricciones). Posteriormente surge la explicación de la *internalización*, en el que el agente externo contamina afecta al interior del cuerpo por que se traga, inhala, etc, y la curación por que un objeto externo beneficioso que entra en el cuerpo y genera resultados positivos. La enfermedad tiene una duración temporal.

Los niños en edad escolar desarrollan un entendimiento más realista de la muerte. Aunque la muerte puede ser personificada como un ángel, un esqueleto o un fantasma, ya comienzan a comprender la muerte como permanente, universal e inevitable. Pueden manifestar mucha curiosidad sobre el proceso físico de la muerte y qué ocurre después de que una persona muere. Es posible que debido a esta incertidumbre los niños de estas edades, teman su propia muerte. El miedo a lo desconocido, la pérdida de control y la separación de su familia y amigos pueden ser las principales fuentes de ansiedad y miedo relacionadas con la muerte en un niño en edad escolar.

Cuadro 7. *Aportaciones al cuidado infantil entre 6 y 12 años*

6-12 años	Acciones de cuidado
Laboriosidad versus Inferioridad	La evitación de las clasificaciones grupales que diferencian los desempeños de los niños pueden minimizar, pero de ninguna manera borrar la conciencia de un niño acerca de su trabajo superior o inferior. Es crucial que padres, educadores y sanitarios refuercen ese interés de forma positiva permitiendo al niño ser creativo, y enfocándolo hacia sus propios logros (el niño como medida de sí mismo) minimizando así el impacto de comparaciones con resultado negativo, y así mismo hay que evitar ridiculizar sus iniciativas sistemáticamente, o de lo contrarios probablemente el niño desarrollará sentimientos de inferioridad. El adulto debe ser capaz de descubrir en cada niño sus excelencias y valores y hacérselos notar valorándolos de manera que refuerce su sentido de competencia.
Latencia	El niño se está abriendo a un mundo social y de intereses más amplio cada vez. El adulto debe ser el guía del mundo exterior, el facilitador de las experiencias de aprendizaje y quien le oriente cuando se encuentre perdido o desmotivado. La sexualidad se vive como un tema más intelectual, y es buen momento para sentar las bases de un conocimiento sobre el mismo que le dote de recursos para el futuro inmediato de la adolescencia mediante la adecuada educación sexual.
Operaciones concretas	Adaptar nuestras explicaciones a su etapa mental (*contaminación* o *internalización*). Utilizar su capacidad de reflexión y lógica (clasificar, ordenar, enumerar) para aportarle información que pueda manejar y estructurar sobre su enfermedad. Considerar que ya es capaz de vislumbrar otras perspectivas distintas a las suyas y que maneja los principios de *reversibilidad* y *conservación* a la hora de plantear nuestras argumentaciones, siempre basadas en hechos concretos, no en abstracciones.

Resumidamente, en relación a la muerte, podemos decir que:

- Se da una comprensión gradual del carácter irreversible y definitivo de la muerte.
- Se demuestra razonamiento concreto con capacidad de comprender la relación causa y efecto.
- Aproximadamente a los 6 años comienza a tomar conciencia que sus padres se pueden morir y ello le genera mucha angustia.
- Aproximadamente entre los 7 y los 8 años el niño toma conciencia de que todos podemos morir, sin detenerse demasiado a cuestionarse si eso le va a suceder a él.
- Aproximadamente a los 9 años el niño toma conciencia de que él también es mortal y abandona definitivamente la idea de inmortalidad.

3.3.3. El niño ante la enfermedad y su abordaje

Como hemos visto el niño posee una capacidad de comprensión de la enfermedad y la muerte proporcional al grado de madurez alcanzado. Tiende a trasladar cualquier acontecimiento a su mundo interior y fantástico. Antes de los 3/4 años, la enfermedad difícilmente se percibe como tal. El niño es ahora solo sensible a la separación, hospitalización, que vive como "agresiones" y a los síntomas de la enfermedad. Entre los 4/10 el niño construye una interpretación de su enfermedad que le dé un sentido a esta situación y generalmente la elabora en términos de culpa y castigo , a veces provocada ("Llamaré al médico", "te darán un pinchazo", etc.), a veces por algún oscuro deseo ("ojala mi hermanito no hubiera nacido").

La enfermedad puede ser una ruptura que frena el curso evolutivo, una agresión a la vez interna (síntomas) y externa (cuidados/tratamientos). El niño, que ha ido consiguiendo cada vez mayores cotas de autonomía física y psíquica, tendrá que cederla. Su cuerpo se ha convertido en objeto de vigilancia y otros tienen derecho y poder sobre él. Percibe su cuerpo como algo vulnerable y defectuoso que le produce una angustia de precariedad y de impotencia.

Se favorece entonces una regresión a un estado de dependencia y de pasividad. El niño retrocede, requiere más atención y protección, y desea contar con la presencia continua de la madre para que le tranquilice ante una realidad que se le presenta hostil y amenazadora. Esta sumisión constituye una modificación global de las exigencias que habitualmente los adultos próximos al niño le hacen. Dependiendo de la gravedad, duración y naturaleza de la enfermedad (noción de imperfección, debilidad, defecto), se afectará la autoestima. Existe un sufrimiento psicológico ligado por una parte a los cambios producidos por la enfermedad y, por otra, a los fantasías angustiantes centradas sobre su cuerpo.

La reacción del niño será distinta en función de :

- Características de la enfermedad, su naturaleza, su gravedad, su duración y la especificidad de la sintomatología
- Exploraciones a realizar, tipo de vigilancia, los cuidados generales y concretos a que debe estar sometido.
- Edad del niño, las características de su vida afectiva y relacional, su personalidad y sensibilidad individual.
- Dinámica relacional en la constelación familiar y en particular el lugar del niño en el seno de la familia, tanto a nivel consciente como en el inconsciente.

La enfermedad de un niño actúa como un revelador fotográfico de la problemática relacional entre este niño y su familia, como de la de los progenitores entre sí y de cada uno de ellos en particular. Padres, médicos y personal de enfermería suelen juzgar los casos con objetividad y realismo, y hay escasa comprensión hacia la angustia de los niños, ya que las expresiones infantiles se refieren a cosas que parecen anodinas a los ojos de la razón. Sólo se establece esta comprensión en el momento en que coinciden los peligros vividos internamente y los riesgos externos para la vida y la salud del niño.

Ante la enfermedad/hospitalización el niño pondrá en marcha sistemas compensatorios con finalidad adaptativa:

- Regresión: comportamiento pasivo con solicitud de cuidados y atención poco habituales.

- Retraimiento: tendencia al aislamiento e inactividad, pérdida de interés y enojo. Como si se concentrara en si mismo y sobre su propio cuerpo.
- Rechazo hacia la enfermedad o de negación de los sentimientos penosos que entraña, por sí misma, o bien por la hospitalización, o por las exploraciones, o por los terapéuticas dolorosas.
- Focalización agresiva hacia un adulto (madre, enfermera, médico, etc.), como si fuesen responsables de su mal.
- Sublimación: colaboración con el sistema gracias a un proceso facilitado por el sistema de identificación con el agresor (madre, enfermera, médico, etc.). Este tipo de reacción beneficiosa se facilita si se da la posibilidad de dar al niño una mayor autonomía, responsabilizándole de su propio tratamiento.

3.3.3.1. Intervenciones de los profesionales de la salud (PS) con padres y madres.

Los PS deben dar apoyo informacional a los padres y ser accesible en el trato. Es conveniente que los progenitores sean adecuadamente informados, de forma que puedan responder a las preguntas del pequeño y tengan conocimiento del comportamiento que deben seguir para evitar que el niño termine cargando también con la ansiedad/impotencia de los padres. De esta manera será más fácil involucrar a los progenitores en su cuidado (adaptado a sus posibilidades), lo que sería también tarea de los PS.

Hay que facilitar la intimidad padres/hijo, pero también ser sensibles a que los padres/madres teman el contacto con su hijo debido al aparataje, miedo a trasmitirles alguna infección o provocarles dolor (por no saber manipularles). Hay que considerar esta posibilidad para evitar malas interpretaciones y que no se genere rechazo en los profesionales.

Hay que ser sensibles a la preocupación de los progenitores a que su hijo sienta soledad, dolor, secuelas. Estos sentimientos pueden provocar ira que no debe ser malinterpretada. Por ello hay que ofertar también apoyo psicológico a padres y madres. Facilitar la expresión de sentimientos y la descarga de emociones en los progenitores. Que los padres no se hagan los duros, pero cuidado, los estudios demuestran que un alto porcentaje de madres que no han podido desahogarse. Hay que ayudar a los padres/madres a hacer visible el cariño mostrado a sus hijos.

Por último es conveniente hacer un seguimiento posterior. Los padres/madres, tras el alta de su hijo en la unidad, sufren sentimientos muy dispares, que van de la alegría y tranquilidad al miedo y la desprotección que puedan vivir de nuevo en sus hogares.

3.3.3.2. Intervención de los PS con los niños.

Se requiere la preparación psicológica del niño para enfrentarse a esta experiencia con menos ansiedad y activar mecanismos de defensa adecuados (sublimación) que le ayudarán a sentir que participa de forma activa en su curación. Entre otras acciones estarían:

- Aconsejar a los padres que preparen la maleta con el niño y también pasar unos días antes por el hospital (servirá para que el niño se sienta activo y partícipe).
- Es conveniente que el niño conozca la razón de su internamiento en el hospital. Hay que hablar mucho con él y explicarle de vez en cuando qué le van a hacer para curarle.
- Se debe permitir al niño que se lleve al hospital algún objeto de casa y algún

juguete. Le dará seguridad en el nuevo ambiente.

- Responder siempre con palabras sencillas a sus preguntas. Los padres deben estar en la misma honda. Cada mentira queda pronto desmentida y hará que el niño pierda la confianza en ellos.
- Si el niño siente dolor, todos deben respetarlo y no infravalorar su sufrimiento.
- Facilitar visitas de amigos o compañeros de escuela (los niños se distraen mas con sus coetáneos que con los mayores) y algún capricho (alguna comida que le guste especialmente).
- Tratar de no cansar con demasiadas visitas.
- Debe poder hablar de su miedo, poder expresar las fantasías ligadas a sus experiencias corporales y conocer el camino que le queda por recorrer (permitirán al niño recuperarse más rápidamente).
- La vuelta a casa se le debe plantear solo cuando exista la total seguridad de que ello va a suceder.
- Es conveniente hablarle de la vida en casa, dándole a entender que se le hecha mucho de menos y que cuando vuelva encontrara todo como antes, pero también se debe positivar la experiencia hospitalaria.
- Normalizar al máximo su vida en el hospital (educación).

3.4. Adolescencia

3.4.1. Características de la etapa

La adolescencia es el periodo de crecimiento y desarrollo humano que transcurre entre la pubertad y la edad juvenil. Su aparición está señalada por la pubertad, pero la aparición de este fenómeno biológico es solamente el comienzo de un proceso continuo y más general, tanto en el plano somático como en el psíquico, y que prosigue por varios años hasta la formación completa del adulto. Aparte del aspecto biológico de este fenómeno, las transformaciones psíquicas están profundamente influenciadas por el ambiente social y cultural (existen culturas practicamente sin adolescencia). En esta etapa generalmente se alcanza el máximo crecimiento en cuanto a altura, y se llega a la plena constitución de las características físicas secundarias masculinas y femeninas.

Para Erikson la Adolescencia es la etapa caracterizada por el conflicto entre la *Identidad* frente a la *Confusión del Rol*. Con la llegada de la adolescencia hay que abandonar la vida infantil que se había llevado, adaptarse al *nuevo* cuerpo y desarrollar una nueva posición en el mundo social. Se está empezando a configurar lo que posteriormente será el rol social. Las pandillas y los líderes ejercen influencias profundas y suscitan fidelidades a modelos que afectan a la consolidación de la propia identidad personal. Se buscan ídolos a los cuales imitar, y como consecuencia de esta imitación, se producen en el adolescente sentimientos de integración o de marginación. Se espera que el individuo alcance cotas elevadas de independencia y se oriente hacia roles y metas de acuerdo con sus habilidades y posibilidades ambientales. El adolescente estructura las actitudes y pautas de comportamiento adecuadas para ocupar un lugar en el mundo de los adultos. Se produce la maduración social, puesto que el individuo logra incorporar las relaciones sociales y sus esquemas, comprendiendo de esta manera la importancia del orden, la autoridad y la ley.

La relación con los otros es más sincera, y no se busca sólo como un medio de referencia para conocerse a sí mismo, sino con un verdadero interés por su valor personal, incluyendo la ayuda y sacrificio si lo necesita. El adolescente se motiva a la acción solidaria, posibilitado por los nuevos sentimientos de altruismo, empatía y comprensión, lo que le provoca una gran satisfacción, y logra el anhelo de ser importante. Estos afanes solidarios comúnmente se desarrollan en conjunto con otros jóvenes de ideas comunes, que son los movimientos juveniles.

Las amistades cumplen en esta etapa variadas funciones, como el desarrollo de las habilidades sociales, la ayuda para enfrentar las crisis y los sentimientos comunes, ayuda a la definición de la autoestima y el status (por la posición del grupo al que pertenecen). En la adolescencia disminuye el número de amigos, en comparación con la pubertad, buscando características afines. Se hacen más estables en el tiempo e íntimas y también aparecen las amistades con el sexo opuesto.

En algún punto de su vida la mayoría de los adolescentes incurren en alguna conducta cuasi delictiva o peligrosa (aunque sólo la minoría participa en conductas de riesgo elevado con propósitos destructivos). No se puede atribuir sólo a la pertenencia de un estrato social, sino que más bien a que no están dispuestos a adaptarse a la sociedad y desarrollar un adecuado control de los impulsos o a encontrar salidas a la ira y a la frustración. Las conductas de riesgo de los adolescentes (alcoholismo, drogadicción y delincuencia) estarían relacionadas con un sentimiento de omnipotencia, necesidad de probar su capacidad asegurando su autoestima.

Hacia el fial de la etapa, la capacidad racional desarrollada junto con la objetividad lograda, permite que las tensas relaciones con los padres y profesores se relajen, admitiendo sus influencias, dependiendo del valor objetivo de su opinión, dándose incluso la relación de amistad con uno de los padres.

Para Freud la adolescencia es la *Etapa Genital.* La Libido reanuda su actividad abierta, plasmada ya en intereses decididamente sexuales (modulados y presionados por las pautas que la sociedad prescribe como normales). En la pubertad se forma la sexualidad adulta. El impulso sexual deja de ser autoerótico y las relaciones sexuales producen la satisfacción de la Libido. La obtención de placer se hace adulta, es decir, diferenciada. En esta etapa se logra el primer amor real, pues se busca, por las características internas y estéticas de la pareja, el bienestar del otro. Es cuando se une el deseo sexual al amor, comprendiéndose el acto sexual como una expresión de éste. Es el momento de la definición de la identidad sexual como parte fundamental de la identidad del yo, asumiendo el adolescente los roles, actitudes, conducta verbal y gestual y motivaciones propias de su género; es necesario que esta identidad sea confirmada por otros y por ellos mismos para asegurar su propia aceptación y adaptación sexual. Algunos sostienen que las diferencias de carácter entre hombres y mujeres son producto de factores biológicos innatos, pero no se debe olvidar que el proceso de socialización es responsable de la adquisición, formación y desarrollo de la mayoría de los roles sociales, incluyendo los sexuales. Los principales agentes de socialización que influyen en la identidad sexual alcanzada son la familia, los medios de comunicación, el grupo de pares y el sistema educacional.

Desde el punto de vista de Piaget el período adolescente se conoce como *Periodo de las Operaciones Formales.* Este último periodo en el desarrollo intelectual del niño abarca de los once o doce años a los dieciseis años aproximadamente. Son las operaciones formales operaciones de segundo grado, cuyo contenido no es la realidad externa en bruto, sino las mismas operaciones de primer grado mencionadas en la etapa de las operaciones concretas. Se razona no ya sobre los objetos, sino sobre el plano del lenguaje y los enunciados verbales. Al operar con el plano representacional (y no con realidades) es posible la libre manipulación conceptual, y así el pensamiento se convierte en hipotético-deductivo.

En este periodo los adolescentes llegan a dominar las relaciones de proporcionalidad, conservación y construyen sistemas (ideologías). Mientras el niño piensa concretamente, problema a problema, el adolescente relaciona las soluciones mediante teorías generales. Al revés que el niño resalta su facilidad para tratar de todo tipo de problemas sobre los que carece de experiencia, ya que puede *teorizar*. Todos tienen teorías o sistemas que transforman el mundo de una u otra forma.

Se inaugura una nueva forma de egocentrismo. Se cree en el infinito poder de la reflexión, como si el mundo debiera someterse a los sistemas, y no estos a la realidad. El equilibrio final se producirá con la reconciliación entre el pensamiento formal y la realidad. El equilibrio se alcanza cuando la reflexión comprende que su función no es contradecir, sino preceder e interpretar a la experiencia.

Las capacidades cognitivas del adolescente posibilitan que cobre una mayor conciencia de los valores morales y una mayor sutileza en la manera de tratarlos. La capacidad de abstracción permite al adolescente abstraer e interiorizar los valores universales. En esta etapa el adolescente puede alcanzar el nivel de moralidad en donde el sujeto presenta principios morales autónomos y universales que no están basados en las normas sociales, sino más bien en normas morales congruentes e interiorizadas.

El pensamiento lógico-formal hace que el adolescente pueda comparar la realidad con una *posible y mejorada realidad*, que lo puede llevar a un inconformismo, depresión o rebeldía. Esto también le permite buscar una imagen integrada del mundo. El desarrollo de la conciencia unido al dominio de la voluntad, junto a los valores e ideales definidos, concluye en la formación del carácter definitivo.

Mentalmente el adolescente tiene la capacidad de un adulto para analizar la realidad circundante y teorizar sobre ella. Pero vitalmente carece de la experiencia (datos) para ello. Es capaz de grandes teorías, pero son eso, teorías. En ese sentido, su agudizado idealismo (se está estrenando en el mundo puro de las ideas) le separa en muchas ocasiones de la realidad. Los adultos "no tienen ni idea" por que sus opiniones parecen excesivamente pragmáticas y se niegan a aceptar sus maravillosas propuestas para arreglar el mundo, cuando ni siquiera se dan cuenta de que apenas si arreglan su cuarto, ya que no confrontan sus ideas con los distintos factores imponderables que las hacen inviables.

Cuadro 8. *Aportaciones al cuidado de los adolescentes*

Adolescencia	Acciones de cuidado
Identidad	El adulto debe respetar los indicios de identidad del adolescente (aunque sean endebles y quizás inconsistentes) ya que se encuentran definiéndose. Debajo de lo superficial (una ropa, unos ídolos) se está construyendo una estructura de valores y creencias que debe ayudarse a construir mediante escucha activa y refuerzo positivo.
Genital	La energía sexual y afectiva está desbordada y es motor de la conducta del adolescente de manera central. Debemos ayudar a canalizarla y que llegue a *buen puerto* con orientación hábil y discreta (no es aconsejable el enfrentamiento o la oposición directa).
Operaciones formales	Tiene las herramientas para pensar (lógica, abstracción), pero no toda la información necesaria. Es importante ayudarle a completar visiones más ricas y plurales de la vida, no a confrontarlo con la nuestra propia.

Con el pensamiento lógico-formal se generan explicaciones más completas y realistas de la enfermedad. Ya se entiende la enfermedad como un estado transitorio, y se integran las nociones de organismo (mecanismos fisiológicos y más adelante psicofisiológicos) y agentes causales externos e internos, definiéndose la enfermedad en términos de síntomas y alteraciones en las actividades de la vida diaria y diferenciándola de sus causas.

Al igual que con las personas de todas las edades, las experiencias previas y el desarrollo emocional influyen en gran medida en el concepto de la muerte de un adolescente. Independientemente de haber o no tenido experiencias previas con la muerte de un familiar, un amigo o una mascota, la mayoría de los adolescentes comprende el concepto de que la muerte es permanente, universal e inevitable. Al igual que los adultos, necesitan que se respeten sus rituales religiosos o culturales. Un tema predominante de este período es el sentimiento de inmortalidad o de estar exento de la muerte. El reconocimiento de su propia muerte amenaza todos estos objetivos. Las actitudes negativas y desafiantes pueden cambiar de repente la personalidad de un adolescente que se enfrenta a la muerte. Puede sentir no sólo que ya no pertenece o no encaja con sus pares, sino que tampoco puede comunicarse con sus padres. Otro concepto importante entre los adolescentes es la imagen que ellos tienen de sí mismos. Una enfermedad terminal y, o los efectos del tratamiento pueden provocar muchos cambios físicos que enfrentar. El adolescente puede sentirse solo en su lucha, temeroso y enojado.

3.4.2. El adolescente ante la enfermedad y su abordaje

Para el adolescente la enfermedad puede ser como un ataque a su imagen corporal y autoestima y supone un sentimiento de pérdida en relación a dos vivencias muy de la etapa como son la omnipotencia y la invulnerabilidad. Por otra parte, las típicas oscilaciones del estado de ánimo de la adolescencia, se pueden ver magnificadas.

La hospitalización es también para el adolescente una situación de pérdida de libertad e independencia. Sensación de aislamiento y soledad. Pudor y vergüenza. Relación ambivalente con los padres. Separación del grupo de iguales. Conflictos con su entorno. Alteraciones psicopatológicas.

Para mantener una adecuada relación con el paciente adolescente, resumidamente, debemos:

- Dirigirnos a ellos, no a sus padres.
- Preservar su intimidad.
- Facilitar el contacto con el exterior.
- Proporcionar medios de distracción.
- Explicar claramente las normas.

- Respetar sus sentimientos y temores.
- Apoyar y asesorar a la familia.

3.5. Juventud y adultez temprana

Comienza hacia el final de la adolescencia (18 años) y llega hasta los 30 años aproximadamente. Es una etapa de tránsito en la que se van sustituyendo paulatinamente los modos adolescentes por los adultos. En este momento se alcanza el apogeo biológico, se van asumiendo roles sociales de mayor responsabilidad cada vez y se empiezan a establecer relaciones sociales más serias en el ámbito laboral y en el personal.

Es la etapa en la que predomina el proceso de individuación. Es decir, se logra la independencia y autonomía en varios planos. Un adulto es alguien capaz de verse a sí mismo como un individuo autosuficiente que forma parte de la sociedad y se camina en esa dirección.

Un tema clave es la separación de la familia de origen, que conlleva la mudanza del hogar paterno e incrementar la independencia económica. Simultáneamente surge la necesidad de disminuir la dependencia emocional de los padres y aumenta progresivamente el compromiso con la búsqueda de estabilidad en la pareja. Para poder formar una pareja es necesario que surja la necesidad de complemento, así como también debe existir cierta capacidad para proyectarse en el otro sin fusionarse y perder la individualidad.

La primer década comprende un período de exploración y prueba de alternativas (de vocación, pareja, etc). Se empieza a estudiar en la universidad o a trabajar y se abandona el hogar paterno o se plantea ya como necesidad. Sin embargo, las elecciones que se realizan son tentativas y no siempre implican un compromiso definitivo.

Para la mayoría de los jóvenes adultos, hoy en día cada vez más tarde, el hecho de crear una familia es otro de sus objetivos. Es frecuente que decidan casarse. La pareja debe establecer su territorio con independencia de la influencia de las familias de origen.

Para Erikson en la Primera Juventud el conflicto se centra en la *intimidad y solidaridad* frente al *aislamiento.* Es un período crítico de la relación social, ya que se pasa a un nivel más diferenciado, donde el amor y la amistad, la solidaridad y el aislamiento, la generosidad y el egoísmo se reconfiguran con arreglo a pautas de mayor madurez y alcance. En este periodo se busca la relación íntima con la pareja, con la que se busca la propia identidad, y se desarrolla la capacidad de amar.

Hacia los 30 años surge la necesidad de tomar la vida más seriamente. Las personas comienzan a afianzarse en el campo laboral y están en pleno desarrollo profesional. Los proyectos esbozados empiezan a concretarse. Es una época de crecimiento personal y profesional. El trabajo permite desarrollar habilidades, cumplir con responsabilidades individuales y sociales, pero al mismo tiempo contribuye a situar a las persona en relación con los demás, definiéndolo socialmente. El trabajo para el adulto es lo que el juego para el niño, lo inspira y lo proyecta al futuro. La posibilidad de la paternidad y maternidad comienza a plantearse, siendo uno de los desafíos más importantes de esta etapa. El nacimiento de un niño representa la convergencia de dos familias y crea abuelos y tíos por ambos lados de las familias de origen. Al adquirir el nuevo rol de padres disminuye su rol de hijos y se consolidan como adultos.

La mayoría de las personas entran en crisis al llegar a los treinta. Surgen dudas, existen mayores presiones y más responsabilidades. Es bastante frecuente que se manifiesten en formas de replanteos, de conflictos matrimoniales, cambios de trabajo, depresión o ansiedad. Pero para otros llegar a los treinta significa descubrir aptitudes e intereses que hasta ahora se desconocían o no se habían considerado. Las relaciones con la familia y con los amigos continúan siendo estables y las metas profesionales progresan con rapidez.

En la adultez temprana predomina el pensamiento funcional, dispuesto a ejecutar decisiones de profundas proyecciones hacia el futuro. Pero hacia los 35 años se va tornando más reflexivo, y empiezan a aparecer los primeros atisbos de lo ya decidido y logrado. Frecuentemente, como producto de esta evaluación se realizan grandes cambios como son los divorcios, los cambios de ocupación, etc.

3.6. La edad adulta

La etapa adulta que tiene su propia importancia. Del mismo modo que la infancia influye sobre la adultez, también la etapa adulta influirá sobre la vejez, y hoy, con el avance de la medicina, esta última etapa de la vida es cada vez más extensa y productiva. Existe un cierto espejismo en torno a este espacio vital: al llegar a la madurez el individuo ya ha adquirido pleno equilibrio, las grandes crisis de identidad son un mero recuerdo juvenil y se encuentra ya situado afectiva y laboralmente. La edad cronológica no es la "edad" psicológica, y la supuesta madurez puede estar repleta de problemas y conflictos, así como también de inflexiones y cambios.

Para Erikson el conflicto se centra entre la *generatividad* y la *absorción de sí mismo*. Tiene en el trabajo y las responsabilidades familiares los puntos cruciales, en la cual se forman comportamientos de producción, cuidado de los hijos, y de protección hacia la familia, desembocando en actitudes altruistas o por el contrario en actitudes egocéntricas.

Debemos realizar una advertencia previa, y es que la diferenciación en esta etapa comienza a ser cada vez mayor. Es decir, que dentro de las características generales que podemos comentar, las opciones individuales y las diferencias de ritmo son notablemente mayores que en el caso de las etapas anteriores. Así, si en el caso de los recién nacidos podíamos hablar de diferencias de días para alcanzar determinados logros, en los adultos podemos hablar de años, e incluso de que no accedan a algunos de ellos. De ahí también que las etapas referidas a los infantes abarquen periodos de meses a pocos años, y en este caso estemos hablando de más de 40 años.

3.6.1. Procesos de la edad adulta

3.6.1.1. La reestructuración

Es posible caracterizar el desarrollo psíquico normal en general como una serie de sucesivas reestructuraciones internas resultantes de una interacción entre factores internos y externos. Cuando esas reestructuraciones alcanzan cierto grado de amplitud e intensidad, las llamamos crisis vitales. Cada reestructuración, y con mayor razón si se trata de crisis vitales, conlleva siempre una resignificación que afectará tanto al pasado como al futuro, porque la reestructuración supone un nuevo balance sobre las experiencias pasadas, y un nuevo proyecto en cuanto al porvenir. Dicho de otra forma, nuestra forma de ver las cosas varía con la edad, de manera que la misma experiencia no se percibe igual en la adolescencia que en la etapa intermedia o que en la senectud. Una película de guerra puede entretener a un niño (que sólo ve en ella acción), enardece a un adolescente (que descubre en ella el amor y los ideales de justicia), preocupa al adulto (que ve en ella la amenaza de su mundo), y entristece al viejo (que ve en ella la fragilidad de la vida y los errores del ser humano).

La reestructuración supone un cierto grado de plasticidad del psiquismo, y lo que aquí sostenemos es que en la adultez prosiguen esas reestructuraciones sucesivas. Comparemos una persona normal a los 20 años y a los 50 años, para tomar dos puntos del desarrollo adulto. Hay indudablemente diferencias que hablan de una reestructuración: ha cambiado su imagen de sus propios padres, por dar un ejemplo de resignificación del pasado, y han cambiado sus proyectos de vida, por dar un ejemplo de resignificación del futuro.

3.6.1.2. La introspección

Entramos en una época en la que se consolida la formación recibida y se ponen en práctica los proyectos de vida de manera más firme y concreta, superándose la dispersión de intereses e indecisión adolescente. Uno de los objetivos es encontrar la primera aproximación al sentido de la propia vida (en la vejez se volverá sobre este particular), aclarar para y por qué se está en el mundo. De la cuestión más juvenil "¿Qué voy a hacer en la vida?" Se pasa a la cuestión "¿Qué sentido (profundo) tiene lo que hago?" Y ello por que es en esta edad intermedia, tras la formas más expansivas y hacia fuera de la adolescencia/juventud, es cuando es más probable que tenga lugar la introspección, y tras acumular experiencia y conocimiento, se empieza a evaluar lo aprendido y lo realizado. Por supuesto que muchos adultos posponen estos cuestionamientos (a veces indefinidamente), e incluso los temen, ya que se trata de que este sentido sea lo suficientemente gratificante para el individuo como para sentirse satisfecho con ello, y la intuición de que la valoración pueda ser negativa o insuficiente frena a más de uno.

No de manera tan contundente como lo será en la próxima etapa de la vida comienza a plantearse la muerte. Aunque quizás ahora sea más relevante el paso del tiempo, y por lo tanto su valor. ¿Cuánto he vivido? ¿He aprovechado mi vida? Algunas personas, ante la angustia de la vivencia de pérdida del tiempo vivido, inician conductas de riesgo y aventuras algo disparatadas al confundir vivir intensamente (cuyo significado maduro es querer lo que se hace) con vivir emociones fuertes provocadas por situaciones externas extremas.

3.6.1.3. El desarrollo intelectual

Existe un desarrollo intelectual adulto, y no consiste solamente, como se suele creer, en un aumento de experiencia y conocimiento. Tenemos bastante arraigada la idea de que durante la etapa adulta, más que un genuino desarrollo hay una simple acumulación cuantitativa de conocimientos. Decimos de un niño "¡Como piensa!", mientras que de un adulto decimos "¡Cuanto sabe!". Es muy difícil que digamos las cosas al revés, porque tenemos la idea de que, después de la adolescencia, todo progreso pasa por la adquisición de conocimientos y experiencia, no por la evolución de la herramienta misma para pensar. Pero si existe una evolución de las estrategias de pensamiento. El adulto que realmente madura camina hacia un pensamiento más globalizado, flexible y relativista. Los datos de la memoria se han sedimentado y conforman más un cuerpo sutil de apoyo a la reflexión que un mero conjunto de datos. El análisis de las situaciones es cada vez más amplio y tiene en cuenta más factores y explicaciones alternativas. Amén de poder aprender a aprovechar mejor las propias capacidades.

3.6.2. Indicadores de madurez

Este juego de reestructuraciones, introspección y desarrollo intelectual, a modo de proceso continuo de auto revisión vital, va a ir permitiendo el desarrollo de lo que podríamos llamar indicadores de madurez:

- Extensión del sentido del Yo: ampliando sus intereses hacia los demás, trascendiendo de su propio bienestar para preocuparse por el de los otros.
- Relación afectuosa del Yo con los demás: tolerando, aceptando y comprendiendo las grandes diferencias humanas, siendo compasivos y relacionándose de forma estrecha con los otros.
- Seguridad emocional (autoaceptación): no deseando ser algo más o distintos de quienes son, capaces de aceptar sus estados emocionales y los propios defectos. Integran lo bueno y malo de sí mismos en una imagen única y completa.
- Percepción, habilidades y asignaciones realistas: no se refugian en fantasías seguras, viven en el mundo real, ocupándose de encarar los problemas y su resolución con el desarrollo de las habilidades necesarias.
- Insight y humor: las personas maduras conocen sus verdaderas capacidades, no necesitan engañarse o engañar a otras personas por lo que son capaces de reírse de sí mismos en lugar de sentirse amenazados por sus debilidades humanas.
- Filosofía unificadora de la vida: entendimiento claro de los objetivos y propósitos en la vida intensamente influenciado por valores surgidos de un estilo de ser elegido y fundamentado en juicios propios.

- Liberalización del propio pasado: construyendo planes de forma creativa y consciente sin ser obstaculizados o mediatizados por fuerzas inconscientes del pasado.

3.6.3. Acontecimientos vitales

3.6.3.1. La pareja

La persona se enfrenta a nuevas exigencias en lo profesional (trabajo, carrera profesional, cambios, ascensos, paro, etc.), familiar (matrimonio, hijos, separación, etc.), y físico. Es el momento de la consolidación de las relaciones de pareja, sin duda la más difícil de las relaciones humanas. Cada matrimonio tiene su historia y su "prehistoria". La primera empieza con la boda (o simplemente con la formalización por algún medio del estatus de pareja). La segunda consiste en el "equipaje" psicológico previo de ambos antes de conocerse. Cada uno llega a la consolidación de la relación de pareja con determinadas expectativas (creencias en torno la pareja ideal, fantasías sobre el otro, necesidades insatisfechas, etc.). Se tratará, a lo largo de la vida de la pareja, de armonizar esas expectativas con las experiencias que imponga la realidad, lo cual es siempre problemático. Por eso la historia previa tiene un gran interés psicológico, por ejemplo para entender las razones de la elección de pareja (en buena parte ignoradas por los propios interesados). La elección madura se basa en el conocimiento real de la otra persona, que nos resulta interesante en sí misma, integrando sus aciertos y fallos. En la elección inmadura se expresan las propias deficiencias, como la búsqueda de progenitor (en vez de pareja), la repetición de patrones inadecuados (elegir a quién no se va a comprometer), la complacencia por necesidad o soledad ("elegir" cuando se es elegido), la confusión entre el otro real y el fantaseado, etc. Elección errónea que después degenerará en los motivos fundamentales de desacuerdo matrimonial, la propia inmadurez mencionada, la falta de generosidad y el exceso de egoísmo (egocentrismo, narcisismo), la evolución patológica de la relación de dependencia (lazos verdugo/víctima, absorbente/ absorbido), o la falta de lazos suficientes (desinterés, desamor, divergencia progresiva).

Si en la elección de pareja no ha habido demasiados motivos disparatados o irracionales, si los dos cónyuges son aceptablemente maduros y responsables y gozan de relativa buena salud física y mental, entonces las probabilidades de unión feliz y estable son altas. El matrimonio puede incrementar el bienestar personal de cada uno de los dos, enriquecer su personalidad y ayudarlos a crecer y desarrollar sus posibilidades de una manera progresiva y adulta.

No obstante hay personas que se defienden mientras pueden y mantienen con bravura su soltería a pesar de las presiones familiares y amistades. Existe la fobia a casarse y es tan importante como la fobia a permanecer en estado de soltería. La fobia a casarse es un miedo a la relación de pareja, que tiene dos aspectos: temor a la sexualidad (hoy infrecuente) y especialmente el temor al compromiso y la pérdida de la libertad.

3.6.3.2. Maternidad y paternidad

La maternidad/paternidad es otro de los acontecimientos vitales propios de esta etapa. ¿Qué supone un hijo en la vida de sus padres? Un cambio sustancial va a tener lugar en sus vidas y que se supone un cúmulo de obligaciones a asumir, ya que un hijo/a es insaciable en la demanda de atenciones. Los horarios, las aficiones, los viajes, todo cambiará, y los padres deberán de volcarse en el cuidado del bebé de una forma significativamente sustancial con una proporción de renuncia propia importantísima. La capacidad real para dar va a ponerse a prueba, puesto que esta es la verdadera esencia de la paternidad y la maternidad, la mayor experiencia de amor incondicional, la superación plena del egoísmo. De ahí la importancia de que el futuro hijo sea deseado y planificada su concepción. Esto nuevamente implica el conocerse a sí mismo para evitar proyectar en el hijo las propias carencias (hijos de estatus social, de presión familiar, de imagen, de perpetuadores de la herencia, etc.). Con el crecimiento de los hijos, no obstante, los padres tienen la oportunidad de revivir las experiencias de su propia infancia y solucionar los temas que no fueron resueltos por sus propios padres (no repitiendo sus esquemas), aprender a implicarse en nuevas relaciones emocionalmente intensas e íntimas que los propios hijos demandan, y finalmente saber dejarles volar. Esto implica la cualidad de no vaciarse a sí mismos en el proceso de cuidar y educar a los hijos, continuando con el propio desarrollo personal, evitando así el síndrome del "nido vacío".

3.6.3.3. El cuerpo

Más tarde o más temprano tienen lugar en la mayoría de la población adulta una serie de cambios físicos que retarán la capacidad de adaptación del adulto, como: pérdida de elasticidad y fortaleza en articulaciones y músculos, disminución en el "rendimiento sexual", menopausia, tendencia a engordar, deterioro de la dentadura, aparición de las canas, y pérdida de agudeza visual entre otros. Como el adolescente que se ve sorprendido por su primera polución nocturna, el adulto comienza a utilizar mucho la expresión "esto no me había ocurrido antes", pero para describir toda suerte de nuevas experiencias físicas de índole más bien frustrante que positiva. Ahora ya no aguanta trasnochar como antes. Se abre el dilema entre llorar continuamente las pérdidas o desarrollar un nuevo estilo de vida con el seguir disfrutando. Una de las salidas inmaduras consiste en negar lo evidente intentando mantener a todas costa una forma de actuar que ya no es propia a las posibilidades. Puede entonces darse el miedo al envejecimiento, que impulsa a conductas (vestidos, giros lingüísticos, aficiones, enamoramientos) que intentan remedar la apariencia más juvenil posible, o sucumbir en el desaliento, empujado por imágenes y expectativas futuras pesimistas y negativas. Frente a estas reacciones inmaduras, el adulto puede seguir desarrollándose creativamente, instalándose en el presente, en el aquí y ahora, y no en el "glorioso" pasado o en un "negro" futuro inexistentes, y disponerse entonces a vivir y disfrutar aquello para lo que tiene capacidad, habilidad y ganas.

3.6.3.4. El trabajo

En nuestro contexto sociocultural a esta edad se supone que la persona ya ha alcanzado, o debiera haberlo hecho, "su" estatus social. La economía tiene una mayor relevancia que cuando se era más joven, ya que ahora se es, o debería ser, autosuficiente (e incluso otros dependen de uno ya que se tiene que mantener una familia), y además se valora el dinero por cuanto ha costado trabajo y esfuerzo personal conseguirlo. Existe una cierta correlación entre madurez, o falta de, y ciertas formas de valoración socioeconómica, en cuanto a la confusión entre tener y ser, la diferencia entre querer lo que se tiene y tener lo que se quiere (que nunca es posible). Si el individuo se valora a sí mismo por su status socioeconómico y no por sus cualidades personales siempre hallará a su alrededor otros cargos profesionales mejor situados que el suyo y que le harán dudar de su valía.

No obstante quizás el aspecto más relevante sea el vocacional, ya que en este momento puede surgir una cierta crisis vocacional al albergar dudas sobre la propia profesión y fantasías en torno a lo que hubiera ocurrido de haber optado por otra alternativa (que se imagina más atractiva y satisfactoria).

3.7. La vejez

La vejez puede ser un proceso continuo de *crecimiento* intelectual, emocional y psicológico. Se *hace un resumen* de lo que se ha vivido hasta el momento, y se experimenta felicidad por lo conseguido en la vida, aun reconociendo ciertos fracasos y errores. Es un período propicio para gozar de los logros personales, y contemplar los frutos del trabajo personal útiles para las generaciones venideras. La *buena* vejez constituye la *aceptación* del ciclo vital único y exclusivo de uno mismo y de las personas que han llegado a ser importantes en este proceso. Supone la aceptación del hecho que uno es responsable de la propia vida. Pero puede no ser así en absoluto.

Comienza en torno a la edad de jubilación, 65 a 67 años aproximadamente, y se caracteriza por un declive gradual del funcionamiento de todos los sistemas corporales. Por lo general se debe al envejecimiento natural y gradual de las células del cuerpo. A diferencia de lo que muchos creen, la mayoría de las personas de la tercera edad conservan un grado importante de sus capacidades cognitivas y psíquicas. A cualquier edad es posible morir. La diferencia estriba en que la mayoría de las pérdidas se acumulan en las últimas décadas de la vida.

Es importante lograr hacer un balance y elaborar la proximidad a la muerte. En la tercera edad se torna más relevante el pensamiento reflexivo con el que se contempla y revisa el pasado vivido. Aquel que posee integridad se hallará dispuesto a defender la dignidad de su propio estilo de vida contra todo género de amenazas físicas y económicas. Quien no pueda aceptar su finitud ante la muerte o se sienta frustrado o arrepentido del curso que ha tomado su vida, será invadido por la desesperación que expresa el sentimiento de que el tiempo es breve, demasiado breve para intentar comenzar otra vida y buscar otras vías hacia la integridad.

El *duelo* es uno de las tareas principales de esta etapa, ya que la mayoría debe enfrentarse con un sinnúmero de pérdidas (amigos, familiares, colegas). Además deben superar el cambio de status laboral y la merma de la salud física y de las habilidades.

Para algunas personas mayores la *jubilación* es el momento de disfrutar el tiempo libre y liberarse de los compromisos laborales. Para otros es un momento de estrés, especialmente de prestigio, el retiro supone una pérdida de poder adquisitivo o un descenso en la autoestima. Si ha sido incapaz de *delegar poder y tareas*, así como de cuidar y guiar a los más jóvenes; entonces no sería extraño que le resulte difícil transitar esta etapa y llegar a elaborar la proximidad de la muerte. Estas personas se muestran desesperadas y temerosas ante la muerte, y esto se manifiesta, sobretodo en la incapacidad por reconocer el paso del tiempo. No lograron renunciar a su posición de autoridad y a cerrar el ciclo de productividad haciendo un balance positivo de la vida transcurrida.

Es la etapa en la que se adquiere un nuevo rol: el de ser abuelo. El nieto compensa la exogamia del hijo. La partida del hijo y la llegada del nieto son dos caras de la misma moneda. El nuevo rol de abuelo conlleva la idea de perpetuidad. Los abuelos cumplen una función de continuidad y transmisión de tradiciones familiares. A través de los nietos se transmite el pasado, la historia familiar. Por esta razón, una vejez plena de sentido es aquella en la que predomina una actitud contemplativa y reflexiva, reconciliándose con sus logros y fracasos, y con sus defectos. Se debe lograr la aceptación de uno mismo y aprender a disfrutar de los placeres que esta etapa brinda. Entonces, recuerde: hay que prepararse activamente para envejecer, para poder enfrentar la muerte sin temor, como algo natural, como parte del ciclo vital.

Erikson la denomina *Final De La Madurez* (integridad versus disgusto, desesperación). Al irse agotando sus posibilidades vitales, el hombre afronta el doble problema de ser a través de lo que fue, y de ir dejando de ser. O bien adopta una postura de integridad personal y autorrealización; o por el contrario, una postura de insensatez, desesperación o deshonestidad. La sabiduría de la renuncia y la integridad, frente a la insensatez, la desesperación o la deshonestidad, cierran el proceso del desarrollo psicosocial del hombre.

3.8. Referencias

Bowlby, J. (1985). *La separación afectiva*. Barcelona: Paidós.

Delgado, B. (2009). *Psicología del desarrollo. Desde la infancia a la vejez.* Madrid: McGrawHill.

Flavell, J.H. (1991). *La psicología evolutiva de Jean Piaget.* México: Paidós.

Maier, H. (1984). *Tres teorías sobre el desarrollo del niño: Erikson, Piaget y Sears.* Buenos Aires: Amorrurtu.

Mayers, D.G. (1994). *Psicología*. Madrid: Panamericana.

Rodríguez-Marín, J., Van-der Hofstadt, C.J., Quiles, &., y Quiles, M.J. (2003). Concepto de salud y enfermedad en la infancia. En J.M. Ortigosa, M.J. Quiles y F.X. Méndez (Coordinadores), *Manual de psicología de la salud con niños, adolescentes y familia*. Madrid: Pirámide.

Capítulo 4.

Procesos adaptativos, estrés y salud. Estrés Post-Traumático. Estrés profesional y Burnout

4.1. El estrés

Si existe una reacción típica y generalizada, tanto en pacientes como en profesionales, dentro del ámbito del proceso salud-enfermedad, es sin duda el estrés. De ahí el gran interés en conocerlo y saber manejarlo.

Estrés es un término genérico empleado para designar globalmente un área compleja y amplia del funcionamiento humano. Cuando hablamos de estrés nos estamos refiriendo a un tipo específico de relación entre la persona y su entorno (social y físico): la de alta exigencia o extrema demanda ambiental. Concretamente se establece cuando la persona evalúa dicha exigencia o demanda como impositiva y/o superior a sus recursos y, por lo tanto percibe que pone en peligro su supervivencia y bienestar. En éste sentido, el término estrés, también hace referencia al proceso adaptativo que pone en marcha mecanismos de respuesta extraordinarios, necesarios para la supervivencia del individuo sometido a dichas demandas.

Así que se trata de un proceso que se origina frente a ciertas exigencias ambientales, valoradas como de alta demanda, sobre las que la persona carece de información y/o habilidad necesaria para dar respuesta adecuada en el momento de su presentación. En este tipo de situaciones la persona reacciona disparando un mecanismo de emergencia, emite una respuesta de estrés, que consiste en un importante aumento de la activación fisiológica y cognitiva, que, a su vez, prepara para una intensa actividad motora.

Los distintos niveles de respuesta (fisiológico, cognitivo y conductual), integrados en la más amplia respuesta de estrés, propician que el individuo perciba mejor la situación y sus demandas, procese más rápido la información, realice una búsqueda de soluciones más eficiente y una mejor selección de respuestas para hacer frente a la situación, preparándolo para actuar de forma mas rápida y vigorosa, y así permitirle dar una replica adecuada a la demanda.

En resumen, se trata de un proceso adaptativo (por lo tanto positivo para el individuo), de naturaleza transaccional, que optimiza sus posibilidades de reacción (mediante una hiperactivación de sus canales perceptivos y su capacidad analítica y motora), precisamente para abordar situaciones de alta exigencia para las que, en el momento de su aparición, aún no tiene respuesta específica elaborada. El estrés es pues más que un estímulo o una respuesta, es una relación dinámica particular (que cambia constantemente y es bidireccional) entre la persona y el entorno, cuando uno actúa sobre el otro.

Como habrán podido observar el lector, el término estrés abarca demasiado. Por eso siempre se hace necesaria una precisión terminológica. Brevemente:

- Estrés: conjunto de procesos interactivos E/O/R (Estímulo/Organismo -persona-/Respuesta), caracterizados por elevada exigencia ambiental (no ordinaria y/o aversiva) y una alta activación general de emergencia y/o extraordinaria, necesarios para la supervivencia y con un valor funcional, en principio, adaptativo.
- Estresores: o desencadenantes, cualquier estímulo que por sus características (novedad, impredecibilidad, peligrosidad o intensidad, etc.) exigen del organismo un esfuerzo de adaptación y reajuste social no habitual y elevado o intenso.
- Respuesta de Estrés: movilización cognitiva, conductual y fisiológica conjunta, caracterizada por una elevada activación y que sirve para optimizar la disponibilidad de recursos.

- Afrontamiento: esfuerzos o estrategias conductuales y cognitivas desplegadas en orden a dominar, reducir o tolerar las exigencias externas y/o internas creadas por las transacciones estresantes.

4.1.1. Los estresores

Hemos definido a los estresores como cualquier estímulo que por sus características exigen del organismo un esfuerzo de adaptación y reajuste social no habitual, elevado o intenso. En general se trata de todas aquellas variables del medio ambiente susceptibles de alterar el equilibrio del medio interno o sobrecargar el funcionamiento de los mecanismos de defensa y regulación homeostática del organismo. Pero, si bien ciertamente existirían ciertos estímulos cuya cualidad estresante sería prácticamente universal (guerra, violación), los estresores no pueden ser entendidos sin el sujeto que los evalúa o valora. La manera como el individuo interpreta la situación es crítica para determinar la naturaleza de la transacción estresante.

Esto supone que los individuos difieren entre sí percibiendo y evaluando, tal que donde unos ven estímulos placenteros, otros verán amenazas. Por eso en un parque de atracciones, mientras unos cuantos se divierten con la montaña rusa, otros miran desde el suelo con un nudo en la garganta sin atreverse jamás a subir a algo semejante. Eso sí, cualquiera que suba a la montaña rusa, independientemente de que le guste o le aterre, se estresará (su cuerpo es sometido a unas fuerzas que así lo provocan), pero subjetivamente experimentarán diferentes emociones, bien positivas, bien negativas.

Las personas realizan una doble evaluación. Una primaria o evaluación de la situación en términos de su significado para el bienestar personal, con tres resultados posibles: irrelevante, benigno-positiva, y estresante. Esta última a su vez puede derivar en tres resultantes más: daño o pérdida, amenaza y desafío. Y una evaluación secundaria o de los recursos y repertorios comportamentales para responder y adaptarse a la situación estresante, y que puede dar lugar a un gradiente desde la ausencia de respuesta a la máxima capacidad de respuesta (véase la Figura 1).

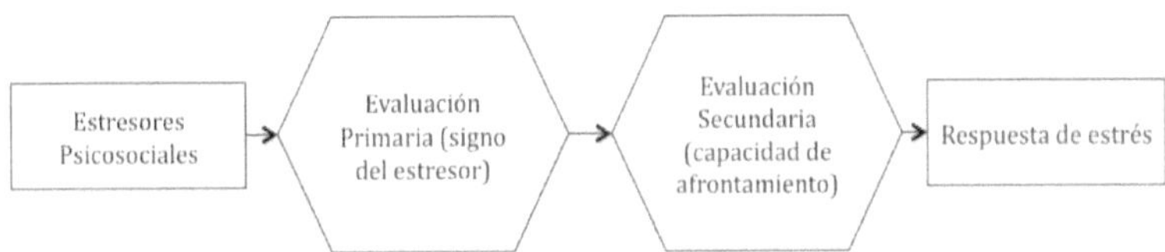

Figura 1. *Modelo cognitivo del estrés*

Los individuos proclives al estrés tienden a efectuar juicios extremos, unilaterales, absolutistas, categóricos y globales. Tienden a personalizar los acontecimientos y caer en distorsiones cognitivas tales como la polarización (razonamiento dicotómico), la magnificación y la exageración y el exceso de generalización. Entre los mecanismos más importantes del procesamiento incorrecto de la información estarían el denominado *sesgo confirmador*, y la *profecía autocumplida*, de parecidas connotaciones. El primero supone un filtraje de la información tanto a nivel perceptivo, como de codificación y recuperación, tal que tan solo la información que autosatisfaga una determinada interpretación y/o expectativa es seleccionada. El segundo hace referencia a la puesta en marcha de comportamientos que generan reacciones en los demás que confirmarán las propias creencias inadaptadas. Así la persona que juzga a los demás como sus competidores, iniciará una serie de comportamientos de competición que lesionarán los intereses de estos, provocando en ellos respuestas competitivas a modo de defensa, lo que a la postre le servirá para confirmar su juicio inicial. Por supuesto no debemos olvidar, como factor del sujeto, la carencia de habilidades o aptitudes concretas para afrontar una determinada situación.

En ese sentido cualquier estímulo *candidato* a desencadenante del estrés tan sólo lo es potencialmente, pero, en cualquier caso, ciertas características hacen más probable que el sujeto concreto los perciba como estresantes. Son estas características:

- Cambio o novedad importante en la situación ambiental.
- Excesiva intensidad y/o duración.
- Falta o sobrecarga de información.
- Impredecibilidad.
- Ambigüedad.
- Alteración de las condiciones biológicas y/o ruptura del equilibrio homeostático.

Los estímulos estresantes pueden clasificarse de diversas maneras. En virtud de su magnitud o lo que podríamos denominar grado de cambio, podemos diferenciarlos en cambios mayores, cambios menores y estresores cotidianos.

Los *cambios mayores* son fenómenos catastróficos de tipo cataclismo, desastre natural y guerras, o de gran violencia, del todo inesperados y fuera del control personal, y de efecto traumático prolongado en el tiempo. Normalmente tienen un carácter extraordinario y afectan tan sólo a una parte de la población.

Suelen ser situaciones únicas en la vida. Los cambios mayores suelen ser, además, la causa del Trastorno por Estrés Postraumático.

Se consideran *cambios menores* a aquellos acontecimientos vitales estresantes, o cambios de trascendencia y alcance vital altamente significativos y que pueden estar fuera del control del individuo (muerte de un ser querido, amenaza de la propia vida, enfermedad incapacitante), o fuertemente influidos por las decisiones de la propia persona (como el divorcio, tener hijos o presentarse a un examen). No son habituales pero no tienen un carácter extraordinario, ya que si bien no son de ninguna manera rutinarios, toda la población sin duda experimentará una serie de ellos a lo largo de su vida. Se presentan en múltiples áreas de la experiencia vital de un individuo: conyugal, familiar, interpersonal, laboral, ambiental, económica, legal, evolutiva, sanitaria, etc.

Por último, los *estresores cotidianos* son molestias de carácter menor, fastidios, pequeños hechos que perturban o irritan en un momento dado, algunos con una elevada frecuencia de aparición, y a los que está expuesta la población de manera prácticamente generalizada y a diario. Pueden ser tanto fortuitos como producto de la propia actividad de la persona. Una gran parte de ellos tienen que ver con lo que podríamos denominar fricciones sociales recurrentes. Se trata de hechos como verse encerrado en un atasco de tráfico, que se estropee la lavadora, que la gripe del niño te impida ir al concierto o que las disputas con tu pareja sean frecuentes.

La mayoría de los autores coinciden en considerar a estos últimos como los acontecimientos más relevantes en relación al estrés, fundamentalmente por que son a los que realmente nos enfrentamos a diario en nuestras vidas muchas veces sin solución de continuidad.

4.1.2. Estrés y ansiedad

Debido a la confusión existente, creemos necesario también delimitar, de manera muy resumida, las diferencias que se establecen entre los términos ansiedad y estrés, frecuente y erróneamente utilizados, a nuestro juicio, como sinónimos o términos intercambiables (véase tabla 1).

La ansiedad, a diferencia del estrés, puede definirse como la aprensión, tensión o inquietud derivada de la anticipación de un peligro, interno o externo. Es un estado de agitación y zozobra, similar al miedo, pero sin objeto o estímulo desencadenante concreto. La ansiedad, como anticipación de un peligro futuro (indefinible e imprevisible), está ligada a desencadenantes más imprecisos y vagos. No obstante ambas manifestaciones, ansiedad y estrés, incluyen tensión muscular, hiperactividad autonómica y vigilancia e investigación atenta del entorno.

Más específicamente la ansiedad es un estado emocional, y como cualquier emoción integra un triple sistema de respuesta: cognitivo-subjetivo (la percepción de miedo con sensaciones concomitantes de peligro), conductual-motor (ciertos tipos de acciones y tendencias a la evitación y huída), y fisiológico (cambios que movilizan al organismo hacia la acción). El sistema cognitivo-subjetivo hace referencia a los pensamientos, ideas e imágenes de carácter subjetivo (p.e., auto-referencias de incapacidad), así como a su influencia sobre las funciones superiores (p.e., dificultades de concentración). El sistema conductual-motor hace referencia a los comportamientos observables, a las acciones y verbalizaciones que el sujeto moviliza (p.e., tartamudeo). El sistema fisiológico hacer referencia a la sobre activación de los distintos sistemas del organismo controlados por el eje hipotálamo-hipofisiario-adrenal. Si bien en algunos aspectos, como podemos ver, existen concomitancias entre ambos constructos y es indudable que hay cierto solapamiento, existen claras diferencias (tabla 1). En cualquier caso existen mayores concomitancias entre ansiedad y miedo, que entre ansiedad y estrés.

Tabla 1. *Diferencias entre la ansiedad y la respuesta de estrés*

ANSIEDAD	**ESTRÉS**
Asociada a la evitación	Asociado a distintas y variadas estrategias de afrontamiento
Es una emoción única y de valencia negativa	Puede asociarse a estados emocionales diversos, incluidos los positivos (pe. alegría, ira, miedo, etc.)
Se produce ante estímulos inconcretos o vagamente definidos	Se produce ante estímulos concretos y específicos
Aunque no de manera intrínseca, puede tener función adaptativa	Es propiamente una respuesta adaptativa
Tiene carácter anticipatorio	Tiene carácter respondiente

Quizás pueda sernos útil para acotar mejor la diferenciación que intentamos llevar a cabo un ejemplo que resulta siempre muy clarificador y que alude a una experiencia casi universal, por lo menos en el caso de los estudiantes, que es el enfrentarse a un examen. Todos hemos experimentado la diferencia de rendimiento entre los días previos al examen y el rendimiento habitual de estudio. Frente a la inminencia del examen nuestra capacidad de comprensión y retentiva es mayor, memorizamos mayor cantidad de contenidos en menor tiempo y nos mantenemos en activo durante más tiempo, incluso durmiendo poco. Nos movilizamos completamente de cara al examen y nuestra atención es más sostenida y duradera. Esta activación la mantenemos hasta la culminación del examen, tras el cual y de manera casi repentina caemos agotados, es la vivencia de *bajona*, y sólo entonces nos damos cuenta del sobreesfuerzo realizado. Esto es el producto de la respuesta de estrés. En situación habitual de estudio, cuando el tiempo no nos apremia y la demanda es normal, nuestro ritmo y rendimiento es mucho más discreto y lento, no hay necesidad de respuesta de estrés. Por el contrario una respuesta de ansiedad (por ejemplo en el contexto de una fobia a los exámenes) se experimentaría no como activación, sino como nerviosismo (desazón, angustia), y lejos de mejorar nuestro rendimiento lo empeora, bloqueando nuestra capacidad cognitiva y desorganizando nuestro comportamiento. El nivel cognitivo de la respuesta de ansiedad bajo una situación de examen bloquea las respuestas cognitivas adecuadas. Hay que considerar no obstante que es posible experimentar ansiedad (como otras emociones negativas) en situaciones de estrés crónico no resuelto. Digamos que entre ansiedad y estrés se dan relaciones recíprocas, en las que la vivencia de ansiedad puede conducir al estrés y éste a su vez puede desencadenar ansiedad.

4.1.3. Aspectos fisiológicos de la respuesta de estrés

Una estructura crucial para entender las bases fisiológicas del estrés es el hipotálamo. El hipotálamo controla y coordina la actividad de los sistemas nervioso autónomo y endocrino, y es la parte del cerebro más estrechamente relacionada con la conducta emocional. El hipotálamo depende a su vez de estructura cerebrales superiores, como la corteza prefrontal. La respuesta de estrés supone un aumento general de la activación del organismo. Se distinguen tres ejes de actuación en la respuesta de estrés: eje neural; eje neuroendocrino; eje endocrino.

a) Eje neural. Se ocupa de la activación inmediata tras la aparición del estímulo estresor. Implica al Sistema Nervioso Simpático (SNS) y al Somático. El SNS está bajo control directo del cerebro a través, fundamentalmente, del hipotálamo. La estimulación del hipotálamo posterior pasa al SNS. Las neuronas post ganglionares adrenérgicas inervan el corazón, los músculos lisos y las glándulas. Esta activación nos va a proporcionar un aumento de la fuerza y frecuencia del latido cardíaco (mejor oxigenación, especialmente para el cerebro), contracción del bazo (con liberación de glóbulos rojos), contracción de los vasos periféricos (redistribución sanguínea a favor de músculos y cerebro), aumento de la glucemia (más energía disponible en sangre), etc. Además el SN somático controla la tensión de los músculos estriados (voluntarios) necesaria para abordar con mayor fuerza y rapidez de reflejos la situación estresante. De este eje depende las respuestas de hiperactivación rápidas y breves apropiadas para situaciones agudas de muy corta duración (frenar fuerte y rápido cuando otro coche se salta el stop). Es la denominada reacción de alarma, y da lugar a la respuesta de *lucha o huída.* En caso de no solucionarse la situación estresante se activaría el siguiente eje.

b) Eje neuroendocrino. Protagoniza una activación algo más lenta, y es requerido por situaciones de estrés más sostenidas en el tiempo. Implica la activación de la médula de las glándulas suprarrenales (con la secreción de las catecolaminas: adrenalina y noradrenalina), produciendo efectos similares a la activación simpática directa de los órganos diana, pero de mayor duración. Se activa antes situaciones que el sujeto valora como de enfrentamiento activo. La activación psicofisiológica ya descrita en el punto anterior es aplicable a este eje, solo que en vez de venir producida directamente por el SNS, viene dada por la acción neurohormonal.

c) Eje endocrino. Se activa ante el estrés que tiende a crónico. Nuevamente centros superiores cerebrales activan el hipotálamo, que a su vez, mediante una serie de neurohormonas llamadas factores de liberación activan la hipófisis anterior (adenohipófisis). La adenohipófisis libera ACTH (hormona adenocorticotropa) que activa la corteza suprarrenal, que secreta mineralocorticoides, glucocorticoides (cortisol y corticoesterona) y andrógenos. Paralelamente la hipófisis anterior libera en sangre opiáceos internos, TSH que estimula la producción de tiroxina por la glándula tiroides y hormona del crecimiento. De esta manera se incrementa la tolerancia al dolor (opiáceos), aumenta el metabolismo (tiroxina) y se libera glucosa en sangre (hormona del crecimiento y cortisol) y se previene la inflamación y eleva el estado de ánimo produciendo euforia (corticoides). La respuesta de estrés se activa a más largo plazo y sus efectos son más duraderos.

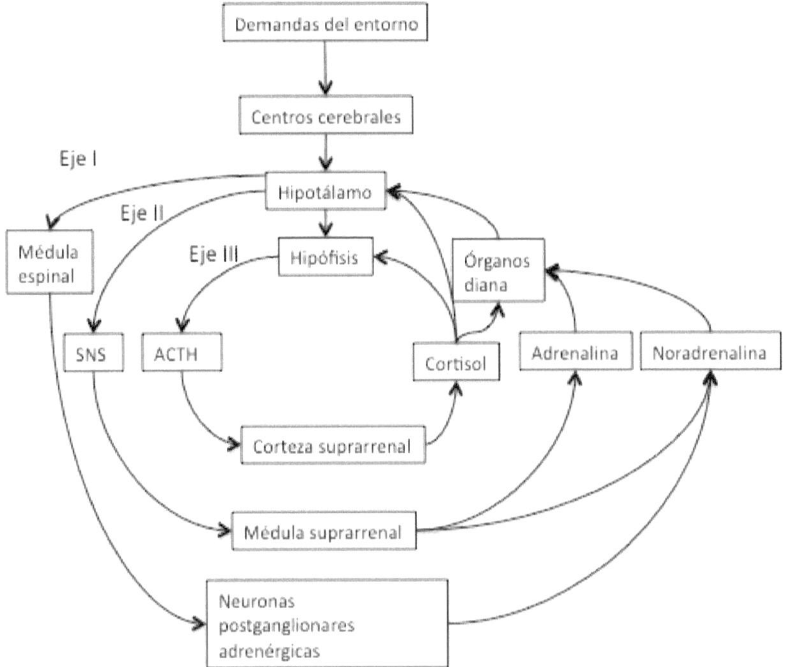

Figura 2. *Representación esquemática de los 3 ejes fisiológicos de la respuesta de estrés*

4.1.4. Aspectos inadaptados del estrés negativo (distrés): los trastornos psicofisiológicos

Si hemos definido la respuesta de estrés como un proceso adaptativo y positivo para el individuo. ¿Qué sentido tendría entonces para un clínico evaluar y tratar el estrés? La respuesta es sencilla. Frente a lo que podríamos denominar un *buen estrés* o *eustrés*, existe además un *mal estrés* o *distrés*. ¿Cuando deja de ser adaptativo el estrés?

El estado natural del organismo no es el de hiperactivación, de modo que los parámetros biológicos han de volver a su valor basal después de altos rendimientos funcionales (principio homeostático). La mayoría de las funciones biológicas son representables en curvas de máximos y mínimos, con márgenes óptimos para el funcionamiento adecuado y zonas de riesgo disfuncional e incluso pérdida de la funcionalidad y en casos extremos hasta la muerte. La sobre estimulación, dadas determinadas condiciones, fuerza los parámetros biológicos, con riesgo de que su disfunción ponga en peligro la organización del sistema y facilite o precipite la aparición de los trastornos psicofisiológicos o psicosomáticos.

Y esto es lo que puede ocurrir con la respuesta de estrés cuando las estrategias de afrontamiento fracasan, y la persona no es capaz de solucionar o dar termino a la situación estresante, produciéndose una cronificación de la misma (en la figura 3 se resume dicho proceso).

Entramos en un círculo vicioso. El individuo se verá entonces expuesto de manera continuada y/o muy frecuente a dichos estresores (sean objetivamente aversivos o mediados cognitivamente como amenazantes). La respuesta de estrés habrá de continuar elicitándose de manera frecuente e intensa en la medida de la capacidad de resistencia del organismo, no produciéndose el proceso de salvaguarda que constituye la *habituación* de respuesta, caminando hacia el agotamiento.

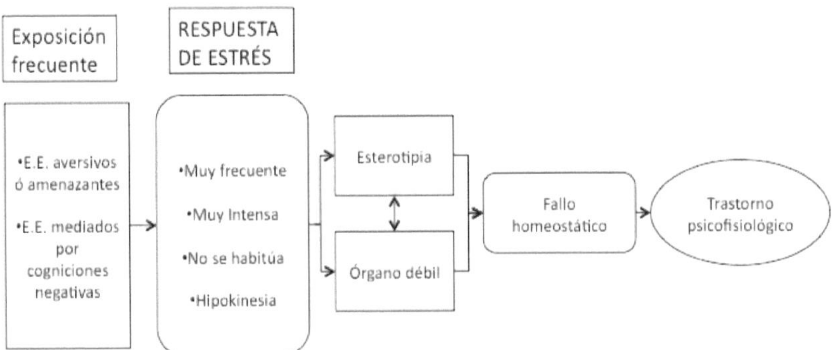

Figura 3. *Representación figurada de la génesis de los trastornos psicofisiológicos a partir del fracaso de la respuesta de estrés*

Todo ello se ve agravado por la *hipokinesia*, o lo que es lo mismo, la falta de expresión motora de tales recursos, dada su inutilidad adaptativa en la mayoría de las situaciones de estrés actuales. Efectivamente la gran cantidad de energía movilizada para las acciones de ataque y huida, integrada en la respuesta de estrés, es una necesidad apenas presente en las circunstancias que hoy estresan en nuestro entorno cultural a una persona, ya que éstas no exigen respuesta física alguna, y muy al contrario estas acciones son socialmente mal vistas y castigadas, por lo que la persona hará por reprimirlas, haciéndose depositario de una energía que no libera.

En ese momento dos factores, aunque presentes en todo momento, cobran especial protagonismo: la *estereotipia* de respuesta y el *órgano débil*. Por estereotipia se entiende la presentación de un patrón de respuesta *preferido* y similar ante estímulos estresores diferentes, caracterizado por la activación preponderante de un determinado sistema u órgano sobre los demás. Por órgano débil entendemos la predisposición de terminados órganos al mal funcionamiento y deterioro o daño tisular, bien por antecedentes genéticos-hereditarios, bien por antecedentes ambientales (trauma físico, infección, mal nutrición, etc.), al ser sometidos a esfuerzo.

Finalmente los *mecanismos homeostáticos* fallarán, y se producirá un fracaso de la retroalimentación negativa, tal que el retorno a línea base será cada vez más lento, llegando el momento en el que los niveles se reajustarán a valores progresivamente más altos, no recuperándose el nivel basal. A partir de aquí, las bases etiopatogénicas de los trastornos psicofisiológicos ya están asentadas.

En este sentido se ha demostrado una relación más o menos directa entre la respuesta de estrés y una amplia variedad de enfermedades físicas, entre las que destacarían las cardiovasculares (enfermedad coronaria, taquicardias, arritmias, enfermedad de Raynaud), respiratorias (asma bronquial, síndrome de hiperventilación, taquipnea y disnea), gastrointestinales (úlcera péptica, dispepsia funcional, síndrome del intestino irritable, colitis ulcerosa), dermatológicas (prúrito, sudoración excesiva, dermatitis atípica, psoriasis), cefaleas y trastornos musculares (tics, temblores, contracturas, alteración de reflejos, bruxismo), sexuales (dispareunia, vaginismo, impotencia, eyaculación precoz), etc.

Tabla 2. *Factores relevantes en la génesis de los trastornos psicofisiológicos*

VARIABLES QUE DISCRIMINAN A LOS INDIVIDUOS ESTRESADOS DE LOS NO ESTRESADOS
• Mayor exposición a estímulos estresores • Mayor número de valoraciones estresantes de estímulos neutros • Escasa habituación de respuesta
VARIABLES QUE DISCRIMINAN EL TIPO DE AFECTACIÓN
• Estereotipia de respuesta • Órgano débil o predispuesto
VARIABLES QUE DETERMINAN LA APARICIÓN DE LA ENFERMEDAD
• Fallo homeostático • Deterioro orgánico o tisular • Disregulación o disfunción

Como hemos visto, la respuesta de estrés se inicia mediada neuralmente vía sistema nervioso somático (musculatura esquelética) y sobre todo vía sistema nervioso simpático, a través de la inervación directa de determinados órganos diana. Si la situación no es resuelta, el sostenimiento de esta respuesta ha de poner en juego, a continuación, a las glándulas de la médula suprarrenal que secretan adrenalina y noradrenalina para el mantenimiento de la activación.

Cuando la situación estresante se alarga aún más en el tiempo, el organismo, para poder continuar dando respuesta de alta activación, necesita de la corteza suprarrenal y de determinadas hormonas que allí son secretadas. Dentro de estas hormonas corticosuprarrenales se encuentran los glucocorticoides. Los glucocorticoides son la hidrocortisona, la corticosterona y la cortisona, los tres estimulantes de la síntesis y almacenamiento de azúcar en el hígado a partir de compuestos no glúcidos. Estas hormonas continúan el proceso iniciado durante la reacción de alarma, proporcionando al organismo fuentes de energía de fácil movilización y facilitando la respuesta de los vasos sanguíneos a la adrenalina y noradrenalina.

Pero lo curioso es que los glucocorticoides además de impedir los procesos inflamatorios (hormonas antiflogísticas), reducen la resistencia a la infección. Todos habremos oído hablar de los tratamientos con corticoides para reducir inflamaciones o para disminuir el rechazo en los trasplantes. He aquí la cuestión, la resistencia al estrés disminuye la resistencia a la enfermedad, pues la respuesta de estrés llega a ser inmunosupresora, aumentado la vulnerabilidad del individuo a los procesos infecciosos. Aparecen así asociadas al estrés enfermedades como cáncer, sida y artritis reumatoide. No debemos confundir esta asociación con causalidad. El estrés desempeña varios papeles en la etiopatogenia de las enfermedades, entre ellos el de factor causal, pero así mismo como factor de riesgo, predisponenete, coadyuvante, exacerbante, etc.

4.2. El trastorno por estrés postraumático

El Trastorno por Estrés Postraumático (TEPT) se clasifica entre los trastornos de ansiedad, a pesar de ello, comparte síntomas diagnósticos con los trastornos disociativos, e incluso algunos autores proponen su ubicación como una variante de la depresión. En tanto que trastorno, no es un mecanismo adaptativo, sino todo lo contrario, un colapso.

Generalmente los síntomas del TEPT aparecen si se ha estado expuesto a un evento estresante extremadamente traumático, donde se hayan producido víctimas mortales o heridos, o si este incidente ha representado un peligro real para la vida o una amenaza para la integridad física de uno mismo o de las otras personas. Incluso si sólo se ha sido testigo de dichos hechos o personal de emergencias que atendió a las víctimas, también se puede llegar a desarrollar un TEPT. El TEPT puede ser agudo si los síntomas duran menos de 3 meses, y crónico si los síntomas duran 3 meses o más. Puede ser también de inicio demorado, tal que entre el acontecimiento traumático y el inicio de los síntomas han pasado como mínimo 6 meses.

Los eventos traumáticos que pueden desencadenarlo, aunque no de forma exclusiva, son: los desastres naturales e industriales, las guerras, los ataques personales violentos (agresividad sexual y física, atracos o robos), los secuestros, las torturas, los accidentes de tráfico, el diagnóstico de enfermedades potencialmente mortales y ser testigo o experimentar cercanía con los eventos traumáticos experimentados por otras personas.

Las personas que lo padecen siguen viviendo en el ambiente emocional del acontecimiento traumático. La persistencia del reflejo de sobresalto en las personas traumatizadas constituye uno de los elementos centrales de la reacción de estrés postraumático, y se relaciona con el desarrollo de irritabilidad y de sintomatología psicosomática. En estudios más recientes se ha confirmado que, tanto fisiológica como hormonalmente, las personas con TEPT siguen reaccionando frente a estímulos pequeños como si constituyeran situaciones de emergencia.

Son características definitorias: la existencia de un factor estresante extremo o cambio mayor como desencadenante (hecho diferencial respeto de otros trastornos de ansiedad); recuerdos intrusivos (imágenes y pesadillas recurrentes) y pensamientos repetidos del evento; anestesia emocional (insensibilidad); estado de hiperactivación del sistema nervioso autónomo, hipervigilancia y alteración del sueño; entorpecimiento psíquico y apatía; aislamiento y deterioro de las relaciones humanas; y lucha interna por encontrar alguna formulación cognoscitiva del significado del desastre.

Así mismo se ha descrito lo que se conoce como el Síndrome del Superviviente. En los casos con víctimas aparece un sentido de culpa, y el duelo que sufre la víctima no resulta tanto por la pérdida del ser querido, sino por el sentimiento de culpa por la propia supervivencia y no haber podido rescatar a otros.

Resumidamente el TEPT se diagnostica en aquellas personas que después de haber estado expuestas a un evento traumático padecen síntomas de ansiedad intensa que duran al menos un mes, presentando una reexperimentación del evento traumático desencadenante, un aumento de la activación del sistema nervioso autónomo, una falta de reactividad ante el entorno y evitación de cuanto pueda recordar el hecho traumático. El predominio en la población varía entre un

1 y un 14 % en función de los criterios diagnósticos utilizados y del tipo de población objeto de estudio.

Por lo que se refiere a la etiología, las situaciones de estrés extremo suelen ser el desencadenante del TEPT, pero además, hay distintos factores psicológicos, físicos, genéticos y sociales que contribuyen a explicar la patogénesis de este trastorno y el hecho de que no todas las personas expuestas lo lleguen a desarrollar. El grado de alteración puede fluctuar de leve a grave en función de la naturaleza del estrés, su duración, las capacidades adaptativas del individuo (personalidad resistente y resiliencia) y la duración del síndrome postraumático.

El TEPT sigue un curso tal que un tercio de los pacientes se recupera en el primer año, más de un tercio presenta síntomas semanales persistentes al cabo de 10 años y a mayor duración se vuelve comórbido con depresión mayor, otros trastornos de ansiedad, abuso de sustancias y suicidio.

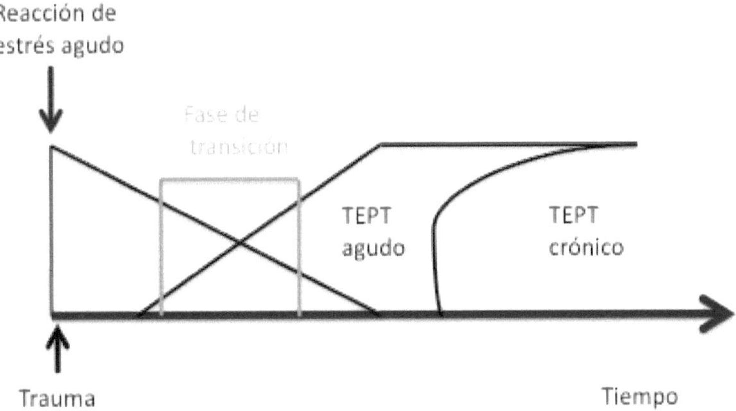

Figura 4. *Fases del TEPT*

4.2.1. Acontecimientos traumáticos y reacción al trauma

4.2.1.1. La crisis

El hecho traumático conduce a la *crisis*, un estado temporal de desorganización caracterizado principalmente por la incapacidad del individuo para abordar situaciones ordinarias (enfrentamiento y solución de problemas) utilizando los métodos habituales. La persona en crisis se siente completamente ineficaz para abordar esas circunstancias. La solución racional de problemas es casi imposible (petición de ayuda, resolver una cosa cada vez...) y se tiene incapacidad para manejar aspectos subjetivos: miedo, dolor, etc.

Uno de los aspectos más obvios de la crisis es la presencia de un trastorno emocional grave. Se describen sentimientos de tensión, ineficacia e impotencia. A grandes rasgos las personas en crisis experimentan significativamente:

- Sentimientos de cansancio y agotamiento, desamparo, inadecuación y confusión.
- Síntomas físicos, ansiedad y desorganización.

4.2.1.2. Respuestas generales a hechos traumáticos

En un primer momento, el sujeto expuesto ante la situación de extremo peligro y amenaza vital, puede poner en marcha dos grandes tipos de reacción inmediata, tradicionalmente designadas como *Sobrecogimiento y Sobresalto*:

- *Sobrecogimiento:* es un tipo de reacción muy elemental y arcaica ante el peligro. Consiste en una reacción de inmovilidad, estupor y agarrotamiento hasta la paralización. A veces la parálisis dura sólo unos segundos, siguiéndole una reacción elaborada de defensa o huida. En otras ocasiones, puede prolongarse mientras dura el acontecimiento, que el individuo presencia entonces *como si fuera ajeno a la escena.*

- *Sobresalto:* la reacción de sobresalto se caracteriza por una descarga masiva de hormonas y neurotransmisores en la sangre y SNC, iniciándose una frenética e incontrolable actitud de defensa o escape. En esta situación, no suele darse pérdida de conocimiento, pero sí estados alterados de conciencia, recordando después sólo fragmentos de lo sucedido. También puede darse una conciencia clara, pero con sensación de absoluto descontrol de los propios impulsos y movimientos.

Ante un impacto psicológico considerable, como un atentado terrorista, lo habitual es que se produzca la reacción de sobrecogimiento. En esta etapa, las reacciones no son reflejo de la personalidad ni de las características del individuo, sino algo más primitivo e instintivo, propio de la especie. Son innatas y reflejas, produciéndose de modo automático respondiendo a un esquema biológico. Son independientes de la voluntad y carentes de control.

Pasados estos primeros instantes y una vez fuera del lugar de peligro, lo habitual es que se produzca un cierto enturbiamiento de la conciencia, que varía desde una leve sensación de flotamiento o extrañeza, hasta un cuadro medio estuporoso con escasa respuesta a los estímulos. Se aprecia un embotamiento general, con lentitud y pobreza de reacciones, acompañado por una sensación de gran laxitud y abatimiento.

Los primeros pensamientos suelen ser de extrañeza e incredulidad y, a medida que la conciencia se va haciendo más penetrante y se diluye el embotamiento producido por el estado de *shock*, van abriéndose paso las vivencias afectivas de una colorido más violento y dramático: dolor, indignación, rabia, impotencia, culpa, miedo, alternándose con momentos de profunda aflicción y abatimiento.

Paralelamente, la memoria parece volver a despertarse y no son infrecuentes las irrupciones súbitas de escenas relativas al suceso, ya sea espontáneo, o en función de algún estímulo asociado. Estas escenas producen en el sujeto una dolorosa conmoción que suscita un estado de intensa alteración emocional, pudiendo desencadenarse un ataque de angustia. Este mecanismo de intrusión de recuerdos se considera normal en la mayoría de los casos. También suelen observarse irrupciones del recuerdo durante el sueño, en forma de pesadilla recurrente, con despertares frecuentes de alto contenido emocional. Hasta aquí son reacciones genéricas ante una situación de peligro y se producen sistemáticamente en la mayoría de los individuos. En cambio, lo que sucede a continuación depende mucho de las características y la situación del afectado y su entorno.

Un acontecimiento traumático puede desembocar en situaciones muy distintas si el sujeto se encuentra bien apoyado por su entorno más cercano o si no es así. Prácticamente todos los autores coinciden en el papel de la familia/grupo social como fuente principal de apoyo. En este sentido, se habla de la intervención de dos tipos de factores y el destino psicológico de la víctima va a depender en gran medida de la dialéctica entre estos dos tipos de factores, factores de vulnerabilidad y factores de protección:

- *Factores de vulnerabilidad:* existen tres tipos de factores característicos del sujeto y de su entorno, previos al trauma, que pueden hacerle vulnerable hacia cuadros psicológicos posteriores:

- *Factores de personalidad:* generalmente son personas con tendencia a evitar experiencias nuevas. Presentan un tiempo de adaptación lento y un locus de control externo.
- *Factores biológicos*: dependen de unas pautas determinadas de respuesta endocrina y de neurotransmisión.
- *Ausencia-Influencia de factores de protección social.*

- *Factores de protección:* son aquellos que, siendo tanto internos como externos, van a proteger al individuo de la posibilidad de desarrollar cuadros psicopatológicos posteriores:
  - *Factores de personalidad y biológicos:* recursos de afrontamiento al estrés.
  - *Apoyo y protección familiar.*
  - *Apoyo social próximo:* amigos, grupos de afiliación.
  - *Apoyo social general:* opinión pública, medios de comunicación.
  - *Apoyo social institucional:* Estado, Administración Pública.

Si la dinámica de estos factores favorece al sujeto, los síntomas se irán metabolizando (readaptación funcional) e incluso aparecerá la resiliencia (crecer en la adversidad). Si ocurre lo contrario, el desequilibrio de esta segunda etapa se irá agravando, emergiendo y fraguándose en un conjunto de síntomas que determinarán el TEPT y trastornos asociados.

Se van a añadir a los cuadros psicopatológicos, ciertas consecuencias difícilmente tipificables en ocasiones, pero que influyen en gran medida en el sufrimiento subjetivo de las víctimas:

- Ruptura del sentimiento de seguridad, indefensión.
- Pérdida del rol personal o social previos, cambio de jerarquías y criterios de valor.
- Graves problemas de desadaptación social, laboral y familiar.
- Trastornos de carácter: introversión, pasividad, regresividad, dependencia, e irritabilidad.
- Conflictos socio-familiares: que, obviamente, se derivan y cierran el círculo vicioso, desembocando frecuentemente en una situación de desencuentro recíproco, desconfianza y frustración, en el que conviven el aislamiento y el rechazo.

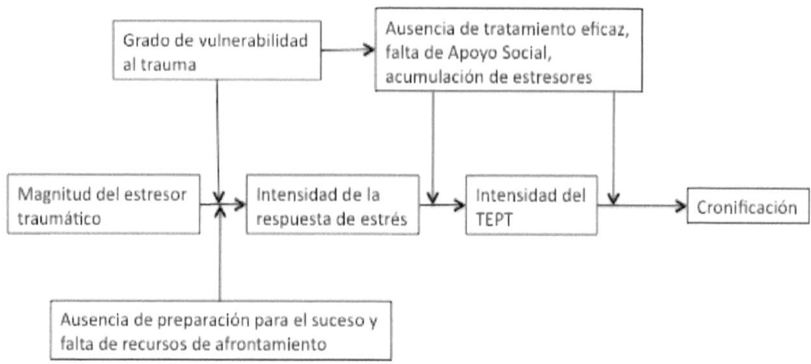

Figura 5. *Factores de riesgo de cronificación del TEPT*

Desde la perspectiva de la víctima, la incapacidad por parte del entorno social para comprender la situación y ofrecerle reconocimiento y compensación, acaba constituyendo una segunda victimización, a menudo más dolorosa que la inicial.

4.2.2. Criterios diagnósticos para El Trastorno por Estrés Postraumático (TEPT)

Para establecer un diagnóstico de Trastorno por estrés postraumático es preciso que:

a) La persona debe haber estado expuesta a un acontecimiento traumático en el que:

- Existió riesgo para su integridad o la de otros
- Respondió con temor o desesperanza

b) Reexperiencia del hecho:

- Aparecen recuerdos, imágenes, pensamientos o percepciones, que son recurrentes e intrusivos.
- Aparecen sueños recurrentes sobre el hecho.
- Se revive repetidamente el hecho traumático.
- Aparece un malestar con más relativos.
- Aparecen respuestas fisiológicas al exponerse.

c) Evita estímulos asociados al trauma:

- Evitar cogniciones sobre el suceso traumático
- Evitar actividades
- Olvidos parciales
- Pérdida de interés
- Desapego o enajenación frente a los demás
- Restricción de la vida afectiva
- Sensación de un futuro desolador

d) Síntomas persistentes de activación (arousal):

- Dificultades para conciliar o mantener el sueño
- Irritabilidad o ataques de ira
- Dificultades para concentrarse
- Hipervigilancia
- Respuestas exageradas de sobresalto

e) Estas alteraciones se prolongan más de un mes

f) Provocan malestar o deterioro social, laboral etc.

4.3. Síndrome de Burnout

Se puede definir el Burnout como una experiencia general de debilitamiento, que incluye agotamiento físico, emocional y actitudinal. Este síndorme está causado por estar implicada la persona en situaciones desagradables relacionadas con el trabajo durante largos períodos de tiempo. Estas situaciones le afectan emocionalmente, experimentando sensaciones negativas prolongadas. El síndrome de Burnout es muy frecuente en personal sanitario y docente. Respecto al género, diversas investigaciones apuntan a que las mujeres son las que presentan mayor prevalencia que los hombres.

Estas situaciones negativas están asociadas especialmente a las relaciones interpersonales, problemas de coordinación entre los miembros, incompetencia de los profesionales, problemas de libertad de acción, incorporación de innovaciones (cambios tecnológicos) y respuestas disfuncionales por parte de la dirección a los problemas de las organizaciones (ambigüedad, conflicto, falta de recursos, sobrecarga del rol).

Se describen tres aspectos implicados en el Burnout:

- El cansancio emocional. Caracterizado por la pérdida progresiva de energía y agotamiento. Lo principal es un fuerte sentimiento de impotencia, ya que desde el momento de levantarse ya se siente cansado. El trabajo no tiene fin y, a pesar de que se hace todo para cumplir con los compromisos, el trabajo nunca se termina. La persona que lo padece se vuelve anhedónica, es decir, que lo que anteriormente era motivo de alegría ahora no lo es, en otras palabras, pierde la capacidad de disfrutar. Aún cuando se tiene tiempo, se siente siempre estresado.

- La despersonalización. Caracterizada por un cambio negativo de actitudes que lleva a un distanciamiento frente a los problemas, e incluso a culpar a los propios pacientes de los problemas que acontecen al profesional. Las personas se desdibujan, son objetos. Con el consiguiente deterioro en calidad de trato al paciente.
- La falta de realización personal. Caracterizada por las respuestas negativas hacia sí mismos y hacia el trabajo, con manifestaciones depresivas y con tendencias a la huida, agotamiento físico y psíquico. Se produce un descenso del rendimiento. Suele asociarse a un alto absentismo laboral y falta de interés por el trabajo. A diferencia de lo que ocurría al principio, el trabajo ya no produce incentivos para la persona afectada con Burnout.

Se describen cinco fases en el síndrome de Burnout:

1. Fase inicial. Caracterizada por el entusiasmo. Las expectativas positivas y la gran ilusión en el nuevo trabajo hacen que, incluso, prolongue la jornada laboral, realizando guardias extra e incluso servicios voluntarios sin remunerar.

2. Fase de estancamiento. Originada a partir del incumplimiento de las expectativas puestas en el trabajo. La ilusión y desinterés iniciales se desvanecen. Se comienza a cuantificar la relación entre esfuerzo y recompensa. Las expectativas ahora dependen del equilibrio entre la carga de trabajo y las retribuciones. Cuanto menos retribución, menos expectativas.

3. Fase de frustración. Pérdidas las ilusiones llega la desmoralización. El entorno laboral se percibe negativamente y comienzan los primeros trastornos leves de salud.

4. Fase de apatía. Es en esta fase cuando comienzan los problemas de conducta y de actitud. Se trata a los pacientes de forma distante y mediocre. Hay una actitud de desinterés prolongado, lo que termina perjudicando al propio servicio y creando malestar en el equipo de trabajo.

5. Fase de quemado. Finalmente se produce un colapso emocional y cognitivo, acompañado de problemas de salud importantes. Se produce absentismo y bajas laborales. Surgen la frustración y la insatisfacción crónicas. Muchos profesionales llegan a dejar el trabajo temporal o definitivamente.

En general los más vulnerables a padecer el síndrome son aquellos profesionales en los que se observa la existencia de interacciones humanas trabajador-cliente de carácter intenso y/o duradero. Dichos profesionales pueden ser caracterizados inicialmente como de desempeño satisfactorio, comprometidos con su trabajo y con altas expectativas respecto a las metas que se proponen. El Burnout entonces, se desarrolla como respuesta a estrés constante y sobrecarga laboral.

4.4. Referencias

American Psychiatric Associatio (1994). *Diagnostic and statistical manual of mental disorders* (4ª. Ed.). Washington, DC: APA.

Bobes, J., Bousoño, M. Calcedo, A. & González, M.P. (2000). *Trastorno por Estrés Postraumático*. Barcelona: Masson.

Echeburúa, E., & del Corral, P. (1995). Trastorno de estrés postraumático. En A. Belloch, B. Sandín & F. Ramos (Eds.), *Manual de psicopatología*, Vol II (pp171-186) Madrid: McGraw-Hill/Interamericana.

Fernández Abascal, E.G. (1997). *Psicología General. Motivación y Emoción*. Madrid: Centro de Estudios Ramón Areces.

Fernandez-Abascal, E.G., Jiménez Sánchez, M.P. & Martín Díaz, M.D. (2003). *Emoción y Motivación. La adaptación humana*. Madrid: Ramón Areces.

Gil-Monte, P. R. & Peiró, J. M. (1997). *Desgaste psíquico en el trabajo: el síndrome de quemarse*. Madrid: Síntesis.

Gray, J.A. (1993). *La psicología del miedo y el estrés*. Barcelona: Labor.

Lazarus, R. S. & Folkman, S. (1984). *Stress, Apppraisal and coping*. Nueva York: Springer Publishing Company.

Labrador, F.J. (1992). *El estrés: nuevas técnicas para su control*. Madrid: Temas de Hoy.

Labrador, F.J. & Crespo, M. (1993). *Estrés: Tratornos psicofisiológicos*. Madrid: Eudema.

Seisdedos, N. (1997). MBI. *Inventario de Burnout. de Maslach*. Madrid: TEA, ediciones.

Sosa, C.D. & Capafóns, J. (2005). *Estrés postraumático*. Madrid: Síntesis.

Valdés, M. & De Flores, T. (1985). *Psicobiología del estrés.* Barcelona: Martínez Roca.

Capítulo 5.

El Apoyo Psicológico como herramienta de intervención en el proceso salud-enfermedad

5.1. Introducción

Considerando la relación *profesional de la salud-paciente* como el centro sobre el que se asientan la gran mayoría de las actuaciones del primero, y dado que los aspectos psicosociales son inseparables y consustanciales al *proceso salud-enfermedad*, afirmamos, sin matización, que sólo se puede considerar intervención en salud aquella que se desarrolle integrada en una relación que alcance el estatus de terapéutica. Y como toda relación es comunicación, por tanto la cualidad de terapéutica dependerá en último término del establecimiento de una adecuada y saludable comunicación.

Consideramos así que la intervención psicosocial de los profesionales de las salud es básicamente asimilable a esta relación de ayuda o terapéutica. Un intercambio humano entre el profesional y el usuario dirigido a valorar y atender las necesidades psicológicas que surgen dentro del proceso salud-enfermedad y, mediante una serie de actuaciones, apoyarle a encontrar otras posibilidades de percibir, aceptar y hacer frente a los cambios y a las crisis de una manera adaptativa, potenciando los recursos de la propia persona, familia o grupo y utilizando esas experiencias vitales como elementos de crecimiento personal.

Se consideran, en este sentido, cuasi sinónimos terapéutico y de ayuda, que podemos definir como un proceso interpersonal en el que una persona (el profesional de la salud) ayuda en el proceso de desarrollo y crecimiento de otra (el paciente-usuario) en circunstancias que comprometen su salud.

Ello quiere decir que la relación terapéutica o de ayuda es uno de los mayores potenciales de los profesionales de la salud y un instrumento básico de trabajo, que encierra un adecuado manejo de la comunicación humana. Se puede afirmar, desde esta perspectiva, que el éxito del trabajo en salud dependerá, en gran parte, de las habilidades comunicativas y del tipo de relación que establezca con el paciente, sus familiares y el equipo de salud.

5.2. La comunicación

5.2.1. Comunicación, salud y enfermedad

La totalidad de la relación *profesional de la salud-paciente* puede ser considerada como un proceso de intercambio, de comunicación. La relación, como comunicación interpersonal, constituye un lugar crítico, único y privilegiado para el deterioro o el crecimiento. Por tanto puede ser promotora de salud o, por el contrario, de su pérdida. La comunicación es en sí misma un recurso terapéutico vital, pero además tiene la potencialidad de amplificar el impacto de otros recursos. Del tipo de comunicación interpersonal que se establezca dependerá la calidad de la relación y su contribución al proceso salud/enfermedad.

Un proceso de cuidados/tratamiento meramente tecnificado que no sea consciente de la interacción con el paciente, y haga uso de la misma, es sin duda incompleto. Profesional y paciente forman un sistema relacional en el que ambos, quieran o no, se comunican y, por tanto, se influencian mutuamente dentro de un contexto determinado. Si se ignora el hecho, dichas influencias no serán controladas y sus resultados mero producto del azar o la suerte. El profesional de la salud debe conocer los mecanismos que regulan la buena comunicación, ser consciente de los procesos comunicativos que están aconteciendo y controlarlos para que se pueda ejercer una influencia beneficiosa en el bienestar y salud del paciente.

Por eso, en esta interacción humana específica, debe ser el profesional el responsable de que la comunicación se inicie, mantenga y finalice con sentido terapéutico. Y esto se puede comprender desde una visión holística del ser humano como unidad psicofísica (con una biografía, antecedentes y condicionantes idiosincráticos), donde cualquier alteración de una parte guarda el correspondiente correlato en la otra, bien como expresión psicosomática (malestar corporal como expresión de un daño psíquico) o bien como expresión somatopsíquica (malestar psíquico como expresión de enfermedad corporal), siempre comprendida en un contexto social con el que se interactúa en un flujo bidireccional (sociopsicosomático).

La comunicación adecuada es fuente de salud física y mental. Porque lo que cura, en realidad, es la relación, y ésta, recordemos, es comunicación. No se quiere decir que el tratamiento del mal físico no requiera medicación, rehabilitación, curas o cirugía. Lo que decimos es que todo eso se produce inevitablemente en el marco de una relación, y el manejo que se haga en ella de la comunicación, su mayor o menor calidad humana y su cualidad terapéutica o no, influyen de manera significativa en la salud. Tal y como los estudios sobre el placebo han constatado. Y ello a través de las emociones, las creencias, las actitudes, las expectativas generadas, el condicionamiento, etc. La misma aspirina tiene efectos diferentes según quién la prescriba.

5.2.2. Bases teóricas de la comunicación humana

La comunicación es un proceso de envío y recepción, de una persona a otra, de mensajes e ideas, pero también, de manera inseparable, de sentimientos y actitudes. Y ello a través de palabras, letras, símbolos, gestos, expresiones, etc., que los vehiculan y hacen llegar.

El proceso comunicativo está integrado por una serie de elementos que enunciamos y definimos brevemente:

- *Emisor*: dada una transacción, la persona que en el momento de la observación se encuentra en fase de emisión (expresión de un mensaje o conducta comunicativa).
- *Receptor*: dada una transacción, la persona que en el momento de la observación se encuentra en fase de recepción y actúa de destinatario (recibiendo un mensaje o conducta comunicativa).
- *Mensaje*: es el contenido del acto o conducta comunicativa, y contiene el significado de la transacción.
- *Código*: es un sistema de signos y reglas para combinarlos. Tiene carácter arbitrario y debe ser conocido de antemano por los participantes en la transacción.
- *Canal*: es el medio físico a través del cual se transmite el mensaje. El aire en el caso de la voz, las ondas Hertzianas en el caso de la televisión, el papel en el caso del mensaje escrito, etc.
- *Vehículo*: es el soporte del que se vale el emisor para transmitir el mensaje (sonido, palabras, grafismos).
- *Ruido*: son todos aquellos factores (internos y externos) que interfieren la recepción/comprensión del mensaje y empobrece, dificulta y en ocasiones impide el proceso de comunicación. Ruido puede ser un sonido ensordecedor que nos impide oír al otro, pero también un *prejuicio* que nos impide entender.
- *Retro-alimentación*: es la reacción del receptor al mensaje. Es la información devuelta. es el verdadero significado del mensaje transmitido que corresponde al significado captado en el receptor.

- *Contexto*: es el marco social y físico en el que se produce la transacción y que completa, matiza o da sentido a la misma.

El profesional debe conocer cada uno de estos elementos y tener control sobre ellos para conseguir una comunicación eficaz. Debe priorizar la retroalimentación como fuente de, por una parte, el significado real del mensaje que se emita y, por otra, como indicador de la calidad de la comunicación. Debe ser consciente de que el contexto matiza y modifica el significado de un contenido. Debe cerciorarse de compartir de manera real el código con su interlocutor y adaptarse al mismo. Debe generar mensajes adaptados, claros y concisos. Debe evitar interferencias y ruidos propios (como veremos más adelante) y tratar de controlar los ajenos.

Figura 1. *Representación esquemática de los elementos de la comunicación humana*

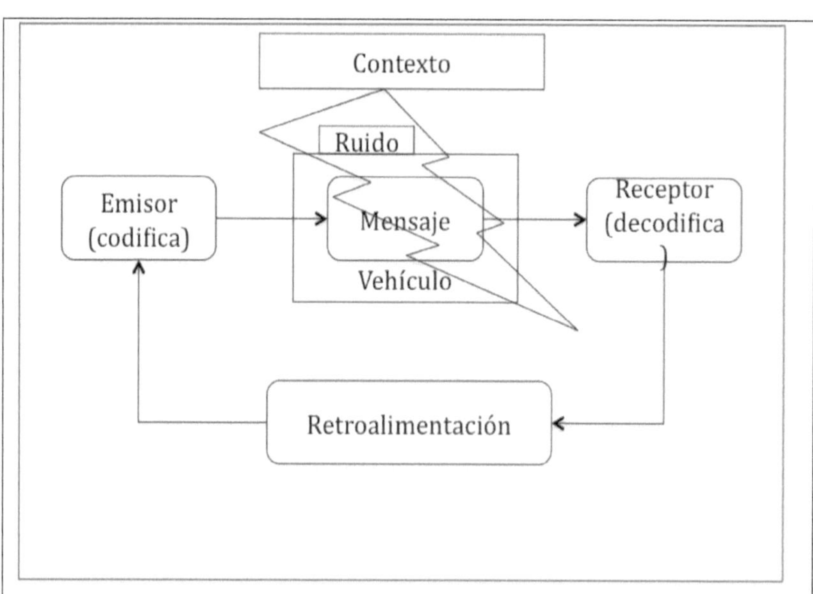

El proceso de comunicación se da en un doble nivel: *verbal* y *no verbal* (meta comunicación). Pero además pueden ser transmitidos y recibidos elementos conscientes e inconscientes (en el sentido de no percibible). Las investigaciones demuestran que, comunicando sentimientos y actitudes, en una transacción, casi dos tercios del impacto del mensaje viene determinado por el lenguaje corporal -postura, gestos y contacto visual-, seguido por un tercio por el tono de voz, y el resto por el contenido de la presentación. Es la denominada regla de Mehrabian: el 7% de la información se atribuye a las palabras, el 38% se atribuye a la voz (entonación, proyección, resonancia, tono, etc.) y el 55% al Lenguaje Corporal (gestos, posturas, movimiento de los ojos, respiración. Etc.). La interpretación y credibilidad de los aspectos emocionales y actitudinales del mensaje descansan pues más sobre la meta comunicación, lo no verbal. No puedo sorprendernos lo dicho si consideramos que la comunicación no verbal puede cumplir una amplia variedad de funciones comunicativas en relación a los aspectos verbales, como:

- *confirmar* lo que se dice verbalmente
- *sustituir* la comunicación verbal
- *remarcar* y enfatizar la comunicación verbal
- *añadir* una carga emocional a lo que se está diciendo
- *confundir* o contradecir el mensaje verbal

Esto supone que el profesional de la salud debe hacer un trabajo doble. Por un lado tomar conciencia de su propio manejo de lo no verbal, por otro, leer adecuadamente el del paciente. Debe dedicar un esfuerzo a controlar la totalidad de su emisión, incluyendo la no verbal.

Los elementos constituyentes más importantes de la comunicación no verbal no asociados al lenguaje son:

1.- Kinesia:

- *Expresiones faciales*: sirven para expresar emociones. Son básicamente universales.
- *Mirada*: el contacto visual es el más directo y consciente entre dos personas. La *fijación* de la mirada indica el foco de atención de la persona. La frecuencia y duración del contacto visual pueden variar el significado de la situación y también controlar la conducta del interlocutor.
- *Gestos*: Subrayan el lenguaje hablado. Son expresión de la personalidad en cuanto componentes de estilo. Expresan el nivel de tensión/relajación. Son específicos de cada cultura.
- *Postura*: expresa los sentimientos y actitudes de la persona para con su interlocutor.

2.- *Proxémica*: la distancia invisible alrededor de nosotros mismos que consideramos propia y que señala, en función de su tamaño, la intimidad con otra persona.

3.- *Imagen*: además del vestido, hace referencia también al conjunto de los rasgos físicos, gestos típicos, manera de caminar habitual, timbre de voz; forma de mirar; etc. En definitiva, el estilo.

Los elementos constituyentes más importantes de la comunicación no verbal asociados al lenguaje son:

1. El tono: el reflejo la emoción y la actitud.

2. La intensidad de la voz: el volumen con el cual se emite el sonido.
3. El ritmo de la voz: el número de palabras por unidad temporal (generalmente el minuto), se refiere a la fluidez verbal con que se expresa la persona.
4. El silencio: las pausas, los espacios en blanco.
5. El timbre de voz: son las características con las que nacemos, propias y diferentes en cada persona. Son como una huella sonora.

Figura 2. *Representación esquemática de la comunicación no verbal*

- Comunicación no verbal
  - Es la parte del mensaje emitido a través de gestos, posturas, expresiones faciales y movimientos corporales.
  - Paralinguística: factores asociados al lenguaje verbal
    - Tono → Relaciona la palabra con el sentimiento
    - Ritmo → Fluidez verbal
    - Volumen → Intensidad al hablar
    - Silencios → Pausas en el habla
    - Timbre → Registro idiosincrático que identifica a la persona
  - Factores asociados al comportamiento
    - Kinesia
      - Expresión facial → Movimientos de la musculatura del rostro
      - Mirada → Dirección y fijación
      - Postura → Posiciones del cuerpo
      - Gestos → Movimientos y posturas de las manos
    - Proxémica
      - Proximidad → Espacio interpersonal
    - Imagen
      - Es el estilo, forma de vestir, rasgos físicos, forma típica de caminar y gesticular propia.

El manejo del tono, la intensidad, el ritmo y los silencios. modular, realizar inflexiones, etc., de estos parámetros modifica el sentido del mensaje, constituyendo una meta comunicación que va más allá del mero contenido verbal.

Finalmente, siguiendo a algunos de los estudiosos más importantes de la comunicación humana, podemos señalar los siguientes axiomas:

- No podemos no comunicar. En el instante en que nos percibimos, la comunicación es inevitable.
- La comunicación puede ser intrapersonal (consigo mismo), interpersonal, de grupo y sociedad.
- Toda comunicación presenta dos aspectos: el contenido y la relación, de tal manera que el segundo engloba al primero, y por consiguiente se convierte en meta-comunicación.
- Todo intercambio de comunicación es simétrico o complementario (asimétrico), según que esté fundamentado en la igualdad o la diferencia.
- La naturaleza de una relación depende de la acentuación de las secuencias de comunicación entre los dos interlocutores.
- La retroalimentación (feedback) es la base de la comunicación exitosa.
- Los mensajes adquieren valor y significación cuando son validados por ambas partes.

Y a estos elementos ya más clásicos habría que añadir *los efectos*, ya que la comunicación será efectiva cuando se logren los cambios esperados por el emisor en los conocimientos, actitudes o comportamiento observables del receptor, y el *feedback*, o retroalimentación que nos informa del resultado logrado por nuestro mensaje. El significado de la comunicación es la respuesta que obtenemos. Por tanto, el tipo de comunicación que propugnamos para la relación profesional de la salud-paciente debe ser recíproca, exige no sólo una respuesta, sino también una interpretación de la misma y un feedback continuo que asegure la correcta recepción de los mensajes. Se trata de superar el modelo lineal y pasar a otro bidireccional donde el profesional sanitario y el paciente forman un sistema relacional en el que ambos componentes se están influyendo mutuamente.

5.2.3. Factores que intervienen en el proceso de comunicación

Hay pues una serie de factores de los que el profesional de la salud ha de ser consciente para que se comunique con ciertas garantías y que su mensaje sea exactamente entendido e interpretado.

Todo sanitario (profesionales de enfermería, medicina, trabajo social, psicología) tiene que comunicarse con una gran variedad de personas: pacientes, familias, compañeras/os, otros profesionales y paraprofesionales (voluntariado). Cada uno de estos grupos e individuos, presentan una gran variabilidad en características culturales, socioeconómicas, nivel de instrucción, personalidad, edad, habilidades profesionales, y, sobre todo, en diferencias de nivel emocional. Probablemente todos los problemas relacionales tienen sus raíces en dificultades de percepción e interpretación del proceso comunicativo. Y ello repercute no sólo en el nivel de satisfacción, sino también en el proceso de curación (p.e. alargando el tiempo de hospitalización) y en la falta de cumplimiento de las prescripciones medicas y de auto-cuidado. Cuando la comunicación entre el profesional y el paciente es defectuosa pueden suceder cosas como:

1.- Los enfermos se encierran en sí mismos, se vuelven pasivos y poco comunicativos. Colaboran menos en el proceso de tratamiento y los profesionales desconocen lo que está pasando.

2.- Se incrementa el temor y la ansiedad ante la enfermedad, lo que repercute negativamente en su restablecimiento.

3.- Los profesionales se manejan más a través de la intuición que del conocimiento, se vuelven más inseguros, y se incrementa la probabilidad de error.

4.- Los pacientes no siguen, total o parcialmente, las prescripciones que reciben.

5.2.3.1. El modelo mental

Pongamos, por ejemplo, el caso en el que el sanitario se queja "me lo ha preguntado una y otra vez. ¡Se lo he explicado mil veces, pero sigue preguntándomelo!". Si el paciente experimenta la necesidad de seguir preguntando, pueden estar ocurriendo varias cosas: a) las explicaciones del profesional no llegan a transmitirse; b) al paciente no le interesa la respuesta a la pregunta, sino la atención recibida; c) la ansiedad bloquea la capacidad cognitiva; d) el paciente tiene problemas reales de comprensión estructurales (no temporales). Reflexionemos. Cuando le decimos a un paciente, por ejemplo, que tiene cáncer, ¿Qué estamos diciéndole verdaderamente?:

- que tiene una neoplasia localizada en un órgano, ó
- que tiene una enfermedad incurable y se va a morir.

¿Qué es lo que interpreta el paciente? Ese mensaje no es decodificado igual por un paciente que por un profesional sanitario. ¿Qué puede hacer un paciente con un diagnóstico de cáncer? El conocimiento del diagnóstico por sí mismo no tiene ninguna repercusión positiva sobre la salud del paciente, probablemente lo primero que le origine sea angustia y depresión. Mientras que al sanitario esa información le permite desarrollar una determinada conducta terapéutica y de cuidados.

Lo que esto pone de manifiesto es que las características individuales de los pacientes y familiares deben ser tenidas en cuenta a la hora de proporcionar información diagnóstica o de cualquier tipo, algo que está más allá de las recetas generales, y que toda retroalimentación debe ser tenida en cuenta e interpretada de manera adecuada.

El paciente (como cualquier persona) tiene un *modelo* o *representación mental* de la enfermedad (y de cualquier cosa), a partir de información (tanto objetiva como de opiniones recibidas) y de experiencias previas. Esta representación está asociada a un componente emocional (agrado/desagrado) y una actitud (disposición a actuar en una dirección). Según el tipo de representación mental el paciente pondría en marcha diferentes *estrategias de afrontamiento* (esfuerzos, mediante conducta manifiesta o interna, para hacer frente a las demandas internas y ambientales, y los conflictos entre ellas). Una representación es pues un modelo de interpretación-acción ante las situaciones, personas y cosas. Exploramos el mundo exterior a través de los sentidos y de la infinidad de impresiones sensibles sólo percibimos una pequeña parte de ellas. La parte percibida es luego filtrada por nuestra experiencia única (cultura, creencias) a partir de la cual cada uno vive una realidad idiosincrática. El mundo real es así simplificado para poder ser manejado más fácilmente. Hacer *mapas* es una buena analogía para lo que hacemos, y el mapa mismo no es el territorio que describen, es selectivo y deja información de lado.

Así pues una variable importantísima a tener en cuenta, antes de proporcionar información, es conocer la representación previa que de la enfermedad tiene la persona. De no producirse esta adaptación la comunicación puede convertirse en un diálogo de sordos. El paciente oye pero no escucha, el sanitario habla pero no dice.

Ahondemos en estos conceptos partiendo de algunas de las aportaciones a la comunicación humana de la Programación Neurolingüística (PNL).

Cuando uno piensa en su comida favorita. ¿Qué es lo que viene a la mente? ¿La imagen? ¿El olor? ¿El sabor? ¿Cuando la madre la preparaba? ¿Una mezcla de sensaciones? Los contenidos que han accedido a nuestra conciencia no son los mismos que los de otra persona, incluso aunque la comida favorita fuera la misma. Y ello porque cada persona percibe y piensa de distinta manera. Si somos capaces de identificar cómo piensa la gente que nos rodea y obrar en consecuencia, seremos capaces de lograr una mejor comunicación con ellos.

Como comentábamos en el capítulo 2, lo que hacemos es resultado directo de lo que pensamos sobre lo que nos pasa, y no resultado de lo que nos pasa en sí mismo. Antes de hacer algo, primero siempre lo recreamos en nuestra mente. Nuestros pensamientos se comunican y expresan en todo lo que hacemos, y todo lo que hacemos es producto de nuestra visión de las cosas.

Todos nuestros sentidos son bombardeados segundo a segundo con una gran cantidad de información. Consciente o inconscientemente solo una parte de esos estímulos son seleccionados, pero además, la información seleccionada es interpretada conforme a nuestros criterios personales, influidos entre otras cosas por nuestras creencias, valores y experiencias pasadas.

Una de las características sobresalientes de este proceso selectivo e interpretativo de la información entrante es el canal sensorial que privilegiamos sobre el resto. Ello no implica exclusividad, pero si prioridad de un canal sobre otros. Esto no sólo moldea cómo percibimos una vivencia, sino cómo representamos una idea, imaginamos una situación, o revivimos un suceso pasado. Solemos tener el mismo canal sensorial preferido para los sucesos reales, los imaginados y los recordados. De hecho las representaciones no distinguen entre sucesos reales o imaginados.

Los canales sensoriales fundamentales en el ser humano son:

- *Visual*: pensar con imágenes. Las ideas, los recuerdos y la imaginación se representan con imágenes mentales.
- *Auditivo*: pensar con sonidos. Se recuerdan o imaginan voces, sonidos, ruidos.
- *Cinestésico*: pensar con sentimientos internos o sensaciones físicas (tacto, gusto, olfato).

El canal sensorial preferido es uno de los factores clave de nuestra forma de pensar, y por lo tanto, de obrar. Y esto se manifiesta, por ejemplo, en nuestro lenguaje cuando decimos:

- "No lo veo nada claro" (visual).
- "Esto me suena bien" (auditivo).
- "Este asunto me huele mal" (cinestésico).

Por eso una persona visual buscará en su vida opciones que vea bien, una persona auditiva buscará aquellas que suenen bien, y una cenestésica una alternativa que siente bien.

No menos importante que el canal sensorial de representación, son los matices y las cualidades de la representación sensorial. En el canal visual la imagen puede ser nítida o difusa, opaca o brillante, cercana o lejana, a todo color o en blanco y negro, ser una sucesión de fotografías congeladas o como una película, ser contemplada en primera persona o a través de un tercero. En el canal auditivo se pueden oír voces o sonidos, el volumen ser bajo o alto, el sonido ser agudo o grave, la fuente estar cerca o lejos. En el canal cenestésico puede variar el tipo de sensación que se siente, puede ser presión, vértigo, temperatura, olor o sabor, ser fuerte o débil, puede estar localizada o ser general, ser persistente o intermitente, puede tener ritmo y ser rápida o lenta.

Una vez que a través de nuestro canal sensorial preferido hemos percibido el mundo, recuerdo o situación imaginada, comienza otra etapa en el procesamiento de la información, es la etapa de los *filtros* o *metaprogramas*. Son procesos mediante los cuales seleccionamos algunas informaciones e ignoramos otras y, posteriormente, las interpretamos. Los *filtros* son patrones mentales generales, presentes en todas las personas. Varían con el tiempo, y según el contexto. Son parte de los factores que hacen a cada persona un ser único. Los siguientes filtros se denominan *metaprogramas de comportamiento* porque identifican las distintas maneras en que las personas hacen frente a las situaciones. Los metaprogramas no son por definición malos o buenos, depende de la situación son más o menos adaptativos. Estos son:

- *Asociado/Disociado*: la experiencia de estar en su cuerpo se conoce como experiencia asociada y la de estar fuera, disociada. Las personas con el patrón *Asociado* por lo general son más emocionales. A las que piensan en modo *Disociado* se las suele calificar como frías o distantes.
- *Acercamiento/Distanciamiento* (Buscar/Evitar): el modo *Acercamiento* significa pensar en lo que se quiere obtener. El patrón *Distanciamiento* significa pensar predominantemente en lo que no quiere. Las investigaciones

muestran que en general las personas que piensan con un patrón de *acercamiento* tienen más posibilidades de lograr lo que se proponen. Por ejemplo, si se piensa "no debo preocuparme", se está programando ese sentimiento (en lugar de negarlo), con lo que posiblemente la preocupación terminará apareciendo. Por el contrario, si se piensa "debo sentirme confiado" tiene más posibilidades de terminar sintiéndose así.

- *Similitud/Desigualdad*: este patrón mental se utiliza también para clasificar o almacenar recuerdos, centrándose en la *Similitud* (esto se parece a aquello) o *Desigualdad* con algo conocido (esto es lo contrario de).
- *Expansión/Concretización*: un patrón de pensamiento *Expansivo* consiste poder ver la imagen completa, el todo a nivel macro. Por el contrario, el hecho de concentrarse en los detalles corresponde a la forma de pensar *Concretizada*. El *Expansivo* a ultranza no avanza más allá de los grandes lineamientos, y el *Concreto* a ultranza se pierde en los detalles.
- *Pasado/Presente/Futuro*: se refiere al tiempo cronológico en el que una persona se centra para ubicar sus representaciones y/o que utiliza como *marco de referencia*.
- *Interno/Externo*: Las personas con un *marco de referencia Externo* confían en fuentes externas para calificar la naturaleza de sus logros. Estas fuentes externas pueden ser terceras personas o medidas objetivas de éxito, como indicadores o estadísticas. Las personas con un *marco de referencia Interno* utilizan sus sentimientos, voces e imágenes internas como evidencia de su éxito.

A modo de conclusión podemos decir que a la hora de intervenir ante un paciente que nos comunica un problema debemos, en primer lugar, adecuarnos a su sistema representacional. Esto, sin duda, puede aumentar la sensación de cercanía, comprensión y empatía. Además, jugar con los matices de la representación sensorial puede cambiar el impacto que sobre sentimientos y conducta tenga esa representación, un mal recuerdo puede llegar a convertirse en algo gracioso o sin importancia. Si lo que tememos se representa como algo difuso y lejano, su carga emocional puede disminuir y las conductas de evitación desaparecer.

En segundo lugar, debemos tener en cuenta los *filtros* de la otra persona, cómo procesa la información. ¿Qué es lo más importante para la persona? ¿A qué presta atención en primer lugar? ¿Necesita saber que va a sentir con nuestra intervención (asociado)? ¿O que se la expliquemos desde el punto de vista de un tercero (disociado) que va a pasar? ¿Es conveniente exponerle las similitudes con lo que ya conoce? ¿O remarcarle las diferencias, lo nuevo? ¿Qué prefiere, verlo desde un punto de vista general (expansión), o sumergirse en los detalles (concretización)? Al explicarle las mejoras que supone respecto a la situación actual. ¿Es conveniente utilizar posibles opiniones de terceros o medidas de eficiencia (punto de vista externo)?¿O posibles sensaciones y sentimientos internos de nuestro interlocutor (punto de vista interno)? Contestar todos estos interrogantes nos llevará a una mejor comunicación con el paciente.

5.2.3.2. Estados del Yo y transacciones

Este apartado va a desarrollar fundamentalmente los presupuestos del Análisis Transaccional (AT) aplicados a la comunicación humana, siguiendo a su creador Eric Berne (1966, 1974). Hablaremos de los *estados del yo*, las *cuatro hambres* humanas, la *estructuración del tiempo* y los tipos de *transacciones*. Se trata de una información útil que permite al profesional de la salud posicionarse con más precisión en la comunicación con el paciente.

Los estados del yo (ver figura 3) son *sistemas coherentes de pensamiento y sentimiento* manifestados por *patrones de conducta correspondientes*. Los estados son tres: Adulto (A), Padre (P) y Niño (N). El modelo PAN se representa gráficamente con tres círculos alineados verticalmente, identificándose cada círculo con las iniciales P, A y N. En cada momento del día una persona puede ubicarse en un estado u otro según el contexto comunicativo, interno y externo, en que se encuentre, variando su modo de sentir, pensar y actuar. Las personas se comunican desde sus tres estados, aunque cada persona se puede caracterizar porque alguno de sus estado es más preeminente que otro.

Figura 3. *Representación gráfica de los estados del YO*

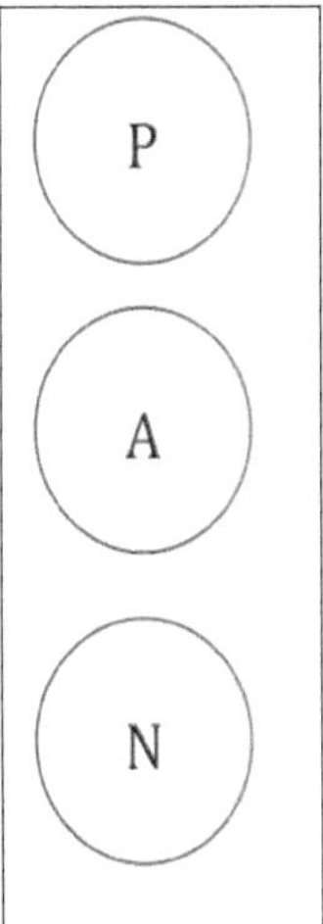

Describimos cada estado resumidamente:

- *Padre:* la persona siente, piensa y actúa a semejanza de ciertas figuras relevantes de su infancia que ha interiorizado. Estas figuras son principalmente los padres, pero también pueden ser abuelos, hermanos y hermanas mayores, familiares cercanos (tíos), profesores e incluso personajes de películas.
- *Adulto:* la persona siente, piensa y actúa a partir de actitudes y pautas de conducta autónomas (de generación propia) adaptadas a la realidad actual. Son producto de las capacidades y los conocimientos adquiridos a través de la propia experiencia. Considera tanto lo específico e inmediato como el contexto general y las consecuencias, acomodándose lo más posible a la realidad objetiva.
- *Niño:* el modo de sentir, pensar y actuar es similar al de cómo lo hacía la persona en su infancia. Se caracteriza en general por la espontaneidad y la emotividad, por un pensamiento predominantemente centrado en lo inmediato y un comportamiento tendente a ser impulsivo.

Las personas tenemos diferentes *hambres* básicas. Destacamos las principales:

- *Hambre de estímulos*: para mantener nuestro bienestar necesitamos estimulación sensorial (caricias físicas), así como de estímulos físicos como luz, sonidos, olores, sabores. Sensaciones físicas que llegan a través de nuestros receptores sensoriales
- *Hambre de reconocimiento*: necesitamos ser reconocidos, necesitamos de la aceptación social de nuestra existencia como seres constituyentes de los diversos grupos a los que pertenecemos. Se trata de una versión adulta de la necesidad del

niño de ser tocado, en la cual el *toque verbal* reemplaza al toque físico. Son necesidades como las de recibir atención, valoración y comprensión.

- *Hambre de estructuración del tiempo*: precisamos estructurar el ámbito social y programar nuestro tiempo, para evitar la incertidumbre en cuanto a qué hacer, el aburrimiento, y asegurar los estímulos requeridos. Nos esforzamos por organizar el tiempo porque la programación nos proporciona seguridad y es una forma de construir significados.
- *Hambre de incidentes*: buscamos modos de huir del aburrimiento, necesitamos que pase algo que rompa con la monotonía y nos provea de la dosis mínima de estrés.
- *Hambre de sexo*: para disminuir la tensión del deseo sexual, gozar de las caricias físicas de la relación sexual y del orgasmo, así como la relajación consiguiente.

Cuadro 1. *Ejemplos de conductas subjetivas y objetivas según los estados del yo en un caso figurado*

Ante un fracaso en el programa educativo				
Reacciones	**Área SUBJETIVA**		**Área OBJETIVA**	
Estado del YO	**Pensamiento**	**Sentimiento**	**Conducta verbal (digo)**	**Conducta instrumental (hago)**
PADRE (Lo que se debe hacer. Prejuicios, creencias, etc.)	Las normas son para cumplirlas.	Indignación, rabia.	¿Deberíamos avergonzarnos? ¡Cumplamos con nuestra tarea!	Mira indignado señalando con el índice. Golpea la mesa con el puño.
ADULTO (Lo que conviene hacer. Datos de la realidad. Estimación de probabilidades)	No estamos cumpliendo los objetivos educativos.	Emotividad muy atenuada.	¿Cuáles son las últimas cifras de aprobados?	Analiza las estrategias didácticas y modifica el proyecto docente.
NIÑO (Lo que me gusta hacer. Emociones, sensaciones físicas, creatividad, ideas irracionales)	Un fallo lo tiene cualquiera.	Optimismo, despreocupación.	Seguro que tiene arreglo. No es para tanto.	Evita la situación o propone una idea atípica.

Las *hambres* de estimulación sensorial y de reconocimiento se atienden con estímulos táctiles o sociales, que reciben el nombre de *caricias.* Caricia es la *unidad de reconocimiento* (por ejemplo, "Hola"). Su esencia es que hacen que la persona se sienta viva y que los demás reconozcan su existencia, sea porque la elogian sinceramente (caricias positivas), la adulan para manipularla (caricias falsas positivas), o la rechazan (caricias negativas). Una persona puede llegar a preferir recibir caricias negativas a estar sin estimulación y reconocimiento. Como el niño que busca atención de sus profesores y padres, y sólo la encuentra cuando lleva a cabo conductas disruptivas.

Las hambres nos llevan a las transacciones. Llamamos transacción al par consistente en un solo estímulo y una sola respuesta, verbal o no verbal. La transacción es la *unidad de acción social.* Es llamada transacción porque cada participante gana algo, y por eso es por lo que se involucra en ello. Hay transacciones que se pueden establecer en un nivel manifiesto o social y otras en un nivel oculto o psicológico, o incluso en ambos niveles simultáneamente. Al representar a cada participante por medio del diagrama PAN de los estados del yo y a cada elemento de la transacción (estímulo o respuesta) mediante una flecha, podemos representar los tipos de transacciones.

Todo lo que ocurre entre las personas implica una transacción entre sus estados del yo. Cuando una persona envía un mensaje a otra, espera una respuesta determinada. A continuación mostramos una somera descripción y representación gráfica de algunas de las principales transacciones.

Como vemos en la figura 4, las transacciones simples complementarias se establecen en un solo nivel, el manifiesto. Están implicados dos estados del yo y uno de los participantes responde desde el estado del yo al que el otro participante ha dirigido el estímulo y hacia el estado del yo que lo ha emitido. Son las transacciones más sencillas en donde la relación es paralela.

Figura 4. *Transacciones simples complementarias*

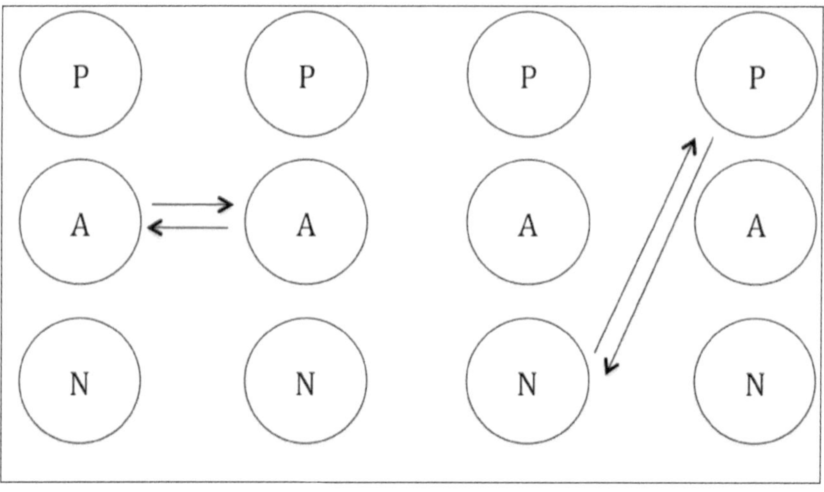

Por ejemplo: a) Estímulo (E), *¿Qué hora es?*; Respuesta (R), *Las diez.* Ambos están en A, es una transacción A-A; b) Estímulo (E), *¿Qué hora es?;* Respuesta (R), *No es momento de preguntar la hora.* Esta última es una transacción N-P. Obsérvese que sobre el papel la pregunta *¿Qué hora es?,* que hemos atribuido a dos estados del Yo diferentes no es diferenciable, pero en el contexto real si lo es perfectamente. En el caso del estado Adulto se pregunta como dato real, en el caso del estado Niño se pregunta como excusa, como estrategia, por ejemplo, para dejar de hacer algo. En definitiva, es complementaria aquella transacción cuya respuesta es recibida por el mismo estado del Yo que emitió el estímulo y, a su vez, proviene del estado del Yo al que se envió (véase figura 4).

En segundo lugar está la *transacción cruzada simple* (véase figura 5). Se establece también en un solo nivel (manifiesto nuevamente), pero un participante responde desde un estado del yo distinto al que el otro ha dirigido el estímulo y hacia un estado del yo distinto al desde el que lo ha emitido. Son aquellas transacciones en las que la respuesta o no vuelve del mismo estado del Yo del receptor o no es recibida por el mismo estado que emitió el estímulo. Hay, por tanto, cruces o se forman ángulos en los vectores. Ocurre cuando la respuesta al estímulo es inesperada. Se activa entonces un estado inapropiado del Yo. Se cruzan entonces la líneas de transacción entre las personas y estas optan por retirarse, alejarse o cambiar de conversación.

Figura 5. *Transacción cruzada simple*

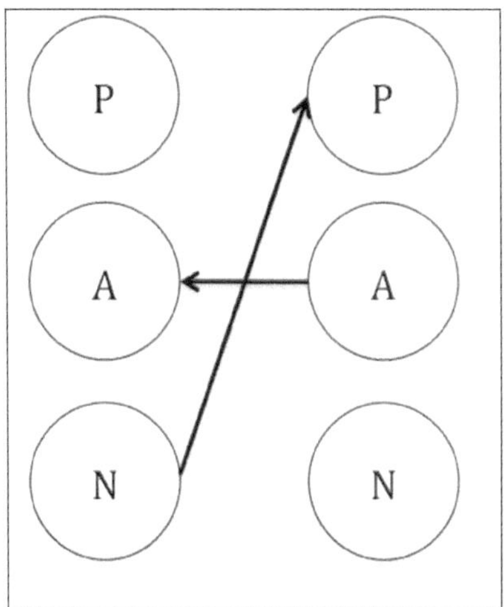

Por ejemplo: Estímulo (E), *Me invitas a un café;* Respuesta (R), *Vamos primero a terminar este punto antes de descansar.*El E se emite desde N y se dirige a P (se trata de algo impulsivo, obedece al deseo y propone escabullirse de una responsabilidad, con un guiño al P nutricio). Pero la R se da desde A y se dirige a A (desde el Adulto se pretende mantenerse en la tarea, para no desconcentrarse y hacer un último esfuerzo antes de dedicarse al ocio).

En tercer lugar podemos hablar de la *transacción ulterior angular*. La persona que emite el estímulo lo hace en dos niveles: a) nivel social o manifiesto, hacia un tipo de estado del yo, y; b) nivel psicológico u oculto, hacia otro tipo de estado del yo. Quien lo recibe puede responder de modo complementario desde uno u otro de los estados del yo estimulados hacia el estado emisor. Por ejemplo: Estímulo nivel social (Es), *Me gustaría que tomáramos otro café, pero no me queda dinero.* Estímulo nivel psicológico (no se emite verbalmente) (Ep), *¿Me invitas a un café?*; posibles respuestas, 1) *Te invito yo* (responde al nivel psicológico); 2) *Pues nos vamos* (responde al nivel manifiesto). Una variante de esta transacción sería la *ulterior doble.* Quien estimula, lo hace en el nivel social manifiesto, hacia un cierto tipo de estado del yo y en el nivel psicológico u oculto hacia otro tipo de estado del yo. Quien lo recibe también responde en dos niveles, desde los estados del yo estimulados a los estados emisores.

Cuadro 2. *Clasificación de las transacciones*

1. Según el número de estados del Yo implicados:
a) *Simples*: un solo estado del Yo por participante.
b) *Compuestas*: mas de un estado del Yo.
2. Según el origen de la respuesta:
a) *Complementarias*
b) *Cruzadas*
3. Según el número de mensajes emitidos simultáneamente:
a) *No ulteriores*: un solo mensaje por vez.
b) *Ulteriores*: dos o más mensajes simultáneos.
b.1. *Angulares*: dos estímulos simultáneos y una respuesta.
b.2. *Dobles*: dos estímulos y dos respuestas simultáneas.

Berne formuló tres reglas de la comunicación:

1. Si las transacciones son complementarias, la comunicación continúa indefinidamente, hasta cumplir su objeto. (Que puede ser positivo o negativo).
2. Si la transacción se cruza, la comunicación se interrumpe. (Se corta del todo o sigue otro tema).
3. En las transacciones ulteriores, lo que determina el resultado final es la parte oculta, inconsciente.

Además de atender a las *hambres* de estímulo y de reconocimiento, las transacciones atienden al *hambre de estructura* pues su secuencia conlleva la estructuración el tiempo. Las seis formas básicas de estructurar el tiempo a corto plazo son: 1) el retiro; 2) los rituales; 3) las actividades; 4) los pasatiempos; 5) los juegos; 6) la intimidad. El *hambre de incidentes* se asocia especialmente a los *juegos*.

Describimos brevemente las 6 formas de estructurar el tiempo a corto plazo. En el *Retiro* la persona no lleva a cabo transacciones ni intercambia caricias, se aísla. En el retraimiento la persona puede también estar junto a otras personas, pero su atención está centrada en diálogos internos alejados de la situación social en que se encuentra.

Los *Rituales* son de transacciones simples sumamente estereotipadas. Pueden ser tan simples como un intercambio de saludos, o ser ceremonias complejas, pero previsibles, culturalmente pautadas como una boda. Los rituales conllevan una notable interacción. Son las costumbres sociales las que estipulan la secuencia de transacciones, como en el caso de *Buenos días - Buenos días.* Los rituales facilitan el intercambio social, proporcionando a personas desconocidas una forma segura de acercarse. Además proveen caricias estereotipadas cuando se usan (el no usarlos puede producir caricias estereotipadas pero negativas).

Las *Actividades* son transacciones cuyo objetivo es hacer algo juntos. Trabajar en equipo o hacer deporte serían ejemplos. En las actividades habitualmente la secuencia de transacciones se produce entre estados del yo Adulto de los participantes, del estilo: *¿Fiebre? – 40º C, ¿Soluciones? – Antitérmicos y antibióticos.* Las actividades proveen caricias sustanciales, en su mayoría condicionales, vinculadas con la tarea en curso, positivas por los logros, negativas por los errores.

Los *Pasatiempos* son series de transacciones complementarias superficiales entre dos o más personas alrededor de un tema inocuo o intrascendente, generalmente algún tópico. Su objetivo básico es pasar el tiempo de una forma relativamente placentera y sin complicaciones. Son repetitivos y los temas aceptables están programados socialmente. Los pasatiempos, aunque parcialmente estipulados por las costumbres, permiten introducir transacciones con un estilo personal. Así se intercambia información sobre nuestras actitudes, historia personal, ideas políticas, creencias y/o pasiones. Esto nos permite estudiarnos y calibrar si podemos o no deslizarnos hacia cuestiones más profundas y personales. Es lo que sucede cuando, por ejemplo, se reúnen parejas y debaten sobre las dificultades surgidas con los hijos e hijas adolescentes (pasatiempo llamado *Asociación de Padres de Familia*). Así, junto con los tópicos habituales, se introducen variantes que subrayan lo especialmente difícil que es el propio caso. Son pasatiempos típicos la *cesta de la compra* (comentarios sobre la carestía de la vida), el *gobierno* (críticas a la inutilidad del gobierno de turno) o *¿No* es *terrible?* (comentar un suceso famoso del momento). Son proveedores de caricias con mayor valor de reconocimiento que las de los rituales, ya que el compromiso personal es mayor al girar sobre opiniones y manejar experiencias aunque sean someras y superficiales.

Los *Juegos* son una serie de transacciones ulteriores (con motivación oculta) que progresan hacia un resultado planificado, en el que siempre uno de los jugadores pierde y otro obtiene ventajas, pero de una forma tramposa y deshonesta. Es un ajuste de cuentas. En el juego hay una debilidad, un señuelo, una trampa y una recogida de ganancias. Algún autor ha utilizado la corrida de toros como metáfora explicativa del concepto juego. El toro tiene una debilidad, embestir. El torero la conoce. Mediante un señuelo, la capa en movimiento, atrae al toro a la trampa. Tras la capa se oculta el picador. Cuando el toro cree estar a punto de cornear a su enemigo, es atravesado por la pica. Tras el giro inesperado (sólo para el toro), se reparten ganancias, el toro la muerte, el torero la gloria de vencer al morlaco.

Así como todas las transacciones para estructurar el tiempo pueden ser positivas y negativas, el juego, por el contrario, es, en prácticamente todos los casos, negativo. Participamos y ponemos en marcha juegos porque nos proporcionan una serie de ventajas: biológicas, psicológicas (internas y externas), existenciales, sociales (internas y externas). A su vez, estas ventajas satisfacen necesidades. El problema es que son *pseudoventajas* puesto que el fin último es evitar la responsabilidad de los actos propios y la intimidad con otros seres humanos.

En el juego hay unos papeles claramente definidos. Hay dos personas que participan en un juego. El Intérprete Principal (IP) lo inicia y el Blanco (B) es el otro participante. Con independencia de las necesidades que satisfacen, siempre responden a una misma fórmula. El IP presenta un *Cebo* (C) y un *Motivo Egoísta* (ME) que dan lugar a una *respuesta* (R) que desea el IP provocar en B. A continuación, el Intérprete Principal *cambia* (Ca) su forma de actuar, da un giro y *desorienta* (D) a B.

Al final ambos reciben los *Pagos* (P), positivos o negativos, del juego en forma de sentimientos a los que Berne denomina *cupones*. Una persona puede desempeñar varios papeles. Un paciente compungido (IP) y temeroso pregunta a su médico (B) con voz trémula: ¿Me salvaré doctor? (C y ME). El médico, sintiéndose compasivo, pero también poderoso, contesta con suficiencia: "claro que si, tranquilo, está en buenas manos" (R). Entonces el paciente cambia (Ca), da un giro y desorienta (D) al médico replicando, casi con desprecio: "acaso se cree usted dios para saber lo que va a pasar". El médico queda sorprendido y confuso, con una mezcla de sentimientos entre la indignación y la vergüenza. El paciente recoge su pago (P), la satisfacción de haber derrotado al engreído. Se han identificado tres papeles principales dentro del juego: Perseguidor, Víctima y Salvador.

Por último la *Intimidad* es aquella situación transaccional en la que dos personas dan y reciben libremente, sin motivaciones ocultas y sin explotación. La intimidad implica intercambios de caricias incondicionales positivas, sentimientos de ternura, empatía y cariño, compartir pensamientos, experiencias profundas y emociones en una relación honesta en la que cada uno confía en el otro. Es, por tanto, la relación más gratificante, pero, a la vez, la que más riesgo conlleva. Hay espontaneidad y franqueza, manteniendo la propia autonomía. No hay que evitar preguntas porque se responde libre y abiertamente a los estímulos que llegan, sin temor a ser juzgado, criticado o rechazado. No siempre es agradable esta experiencia. Dar un pésame por el fallecimiento de un familiar, visitar a algún accidentado, proteger a alguien asustado, son experiencias tristes y dolorosas pero siempre auténticas y conmovedoras. La condición indispensable para hablar de intimidad es, precisamente, la ausencia de juego.

Como conclusión final diremos que es aconsejable que el profesional de la salud genere mensajes siempre en el *nivel manifiesto,* mantenga *transacciones complementarias* y, situándose en el nivel de *actividades,* evite caer en *juegos.*

5.3. La Relación de Ayuda y el Apoyo Psicológico

Probablemente una de las expresiones más empleadas en la bibliografía sobre la intervención psicológica no estrictamente psicoterapéutica, aplicada fundamentalmente por personas que no son psicólogos, sea la de *Apoyo Psicológico* o incluso *Apoyo Psicosocial* (AP desde ahora). Pero al mismo tiempo que profusamente citada, no aparece operativizada, ni descrita, ni tan siquiera definida en la inmensa mayoría de esos trabajos.

De tal forma es así que, ante el desconcierto del lector, y sin más explicaciones la cuestión se despacha como si de algo obvio se tratara. Así por ejemplo tras detalladas explicaciones de determinados problemas (duelo, ansiedad preoperatoria, etc.) la solución al mismo se zanja con una breve, rotunda y poco clara recomendación: "preste apoyo psicológico al paciente". ¿Qué significa esto?¿Le doy una palmadita en la espalda?¿Le digo que yo también lo siento?¿Llamo al sacerdote? ¿Qué es en definitiva el AP? A su vez, el AP se enmarca dentro de la denominada Relación de Ayuda (RA).

En los siguientes apartados desarrollamos más estos conceptos, basados, de una manera fundamental en las aportaciones de la Psicología Humanística y, en especial de Carl Rogers.

5.3.1. La Relación de ayuda

La RA es aquella en la que una de las partes intenta facilitar en el otro el desarrollo, el crecimiento, la maduración y la capacidad de adaptarse y afrontar mejor los retos de la vida. Ayudar, más que solucionar, es promover y facilitar, creando las condiciones adecuadas, que la persona acceda a sus propios recursos y potencialidades.

5.3.1.1. Características de la relación de ayuda

Son características de la RA:

a) *Asimétrica*: aunque la actitud empática cree la ilusión de simetría, y aunque cueste asumirlo por prejuicios ideológicos, las personas que entran en relación de ayuda no se sitúan en reciprocidad. Aunque no lo quiera, el profesional se sitúa por encima del usuario.

b) *Puntual y momentánea*: es una relación basada en el aquí y ahora, generalmente breve y limitada a una situación muy concreta en el tiempo. En cuanto la necesidad del paciente queda resuelta lo habitual es la disolución del vínculo.

c) *Secundaria*: Se establece a partir de la existencia de una necesidad por parte del usuario y no por el interés directo entre las personas en conocerse. Son relaciones secundarias las que se dan entre el abogado y su cliente, entre el vendedor y el comprador. En el ámbito sanitario, la cercanía con que se vive la relación y el carácter personal de los contenidos tratados puede crear la ilusión de intimidad al modo de las relaciones primarias, pero no lo es.

d) *Generadora de autonomía y desarrollo personal:* con la ayuda del facilitador (enfermera, médico, etc.), el paciente debe convertirse, lo antes posible, en el protagonista de su salud/enfermedad. El facilitador será quien le proporcione los medios necesarios para integrar en su desarrollo personal las experiencias por las que va atravesando.

e) *Fiable y eficaz*: aplicando su propio método de trabajo, integrado en las etapas del proceso de atención (valoración y diagnostico rigurosos, planificación y ejecución precisas, evaluación continuada de todos sus aspectos, etc...).

f) *Auténtica*: de manera que el propio facilitador se sienta empáticamente implicado. No queriendo decir con ello que el facilitador deba vivir el problema, pero si que demuestre un interés honesto y cierto por él y por quien lo vive.

g) *Personalizada y oportuna*: cada persona tiene su original forma de percibir y sentir sus vivencias, por ello decimos que "no existen enfermedades sino enfermos". Así, aunque todos los pacientes tienen en común que viven una situación inusual, difícil, atemorizante, y que le pone en crisis algunos de sus valores y comportamientos validos para ellos hasta ahora, es necesario adaptarse a la idiosincrasia particular de cada uno (personalidad, educación, contexto cultural, etc...).

Creemos que la ayuda terapéutica no es solamente una cuestión técnica, sino una forma de vivir la profesión. La ayuda se basa en que ese saber haya sido integrado por la persona que lo proporciona, convirtiéndolo más que una capacidad en una actitud inherente a ella misma.

5.3.1.2. Fases de la relación de ayuda

La relación de ayuda suele atravesar por una serie de momentos (no sucesivas rígidamente): configuración del encuentro personal (orientación); presentación y clarificación del problema (identificación); confrontación y reestructuración (explotación); programar la acción (resolución); evaluación; y separación.

A continuación las exponemos brevemente.

Configuración del encuentro personal (orientación)

Es el primer contacto. En él, a través de la actitud de acogida del facilitador, se pretende básicamente crear un vínculo positivo con el paciente y que éste se implique y adquiera confianza. El paciente se encuentra ante lo desconocido y con numerosos interrogantes que le preocupan. El facilitador (y especialmente la enfermera), por su cercanía, es su mejor oportunidad para conectar con ese "nuevo mundo" al que se enfrenta. La acogida que le proporcione va a encuadrar el tipo de relación (terapéutica o no). No se trata sólo de buenas palabras, ya que se acoge con toda la persona, tanto en sus aspectos físicos (acogemos con todo el cuerpo), cuanto en los psíquicos (observación atenta, disponibilidad, claridad...). A veces no se dan el resto de las fases, se superponen o se repiten, pero esta primera siempre estará presente.

Presentación y clarificación del problema (identificación)

La constituyen la exploración dirigida a concretar, definir y comprender cuál es el problema. Esto se debe realizar de forma conjunta facilitador-paciente. Son convenientes para el buen manejo de esta fase escuchar activamente, mostrar calidez afectiva y evitar todo tipo de juicios, retroalimentar sus contenidos y sentimientos, motivar al paciente para que se autoexplore y se comprometa en la solución de sus cosas, "leer" más allá de lo verbal y comunicar con la mayor claridad.

Confrontación y reestructuración (explotación)

En este momento se trata de proporcionar al paciente cuantas ayudas sean posibles para su transformación. Será en este momento cuando el facilitador va a aplicar todas las técnicas que le proporcionan actualmente las Ciencias Psicosociales aplicadas. Tendrá que ayudarle de forma que:

- Pueda modificar sus percepciones no favorables.
- Se abra a encontrar perspectivas de superación.
- Pueda volver a tomar el protagonismo de su vida y de sus experiencias.
- Afronte los temas de forma realista.
- Se encuentre con sus verdaderos sentimientos y emociones.
- Alcance en buen manejo de sus defensas.
- Acepte y conviva con lo que no pueda cambiar.
- Asuma lo que en este momento no puede resolver por sí mismo.

El facilitador utilizará en estas circunstancias las estrategias de comunicación que tienen que ver con el resumir, explicar y confrontar las incongruencias. Recordemos que las personas sufren más por lo que creen que sucede (su percepción de las cosas) que por lo que les sucede realmente, y que construir una nueva percepción de la experiencia puede ser en sí misma la solución.

Programar la acción (resolución)

Llegados a este punto, facilitador y paciente han de establecer, siempre que sea posible de forma conjunta, los objetivos y la acción a desarrollar. El profesional de la salud, por su parte, dispone de su propio método de trabajo (por ejemplo la enfermera dispone del Proceso de Atención de Enfermería), donde define el diagnóstico, precisa los objetivos y determina las acciones para lograr esos objetivos. En esta fase el facilitador intentaría ayudarle a creer en sí mismo, a que no se quede en los meros propósitos y pase a la acción, a que aprenda a manejar sus propias emociones, a que se refuerce en su toma de decisiones; respetando siempre su momento evolutivo y su ritmo personal. No debe temer ser directivo, en algunas situaciones, ya que tendrá que asumir el papel de sustituto como la única forma de ayudarle a salir adelante.

Evaluación

Resulta útil realizarla con el propio paciente, siempre que sea posible y en los términos que sea conveniente. Tendrá que suponer siempre una revisión personal del facilitador que ha realizado la intervención y resulta de una gran utilidad cuando se puede hacer con el equipo, y en caso de profesionales noveles sería útil supervisarse con colegas de mayor experiencia. Se evalúan los objetivos establecidos por el paciente y el facilitador y los resultados obtenidos, que, como indicamos anteriormente, se habrán determinado de forma muy concreta y precisa. Ello va a indicar la necesidad o no de una nueva valoración, reordenación de prioridades o fijación de nuevos objetivos y acciones.

Separación

Se realiza, como es lógico, cuando el trabajo está a punto de finalizar. La intensidad de esta fase va a depender de la intensidad de la relación que se haya mantenido, pudiendo llegar a una autentica elaboración de Duelo. En cualquier caso la despedida debe ir normalmente, más allá de un adiós, ya que ambos han estado implicados en la consecución de tareas juntos, con las correspondiente implicaciones emocionales y afectiva (frustración, éxito, amor, odio, tristeza, alegría, proyecciones, etc.). Se trata de aprovechar este momento final como un paso más en el trabajo de crecimiento personal, evitando separaciones traumáticas o duelos patológicos. Importa mucho, para ayudar al paciente en esta etapa de la relación, que el facilitador reconozca ante sí mismo sus propios sentimientos respecto al paciente antes de empeñarse en esta tarea con el usuario. Son útiles para favorecer este proceso actitudes que lleven al paciente a expresar sus sentimientos, aclarar situaciones pendientes, liberarse de culpabilidades, declarar intenciones, expresar agradecimientos... En algunos casos habrá que intentar finalizar alguna escena inconclusa o insistir en el nuevo encuadre. Convendrá, en ocasiones, poder realizar el propio duelo en grupo, cuando existe un equipo aparente para ello.

5.3.2. El Apoyo Psicológico

Un primer paso para definir la expresión AP podría ser acudir a las de sus términos. Tenemos dos palabras *apoyo* y *psicosocial*. El diccionario define apoyo como *lo que sirve para sostener, protección, auxilio*, y a la acción de apoyar como *hacer que una cosa descanse sobre otra o la sostenga, ayudar, favorecer*. El segundo es un término compuesto que definiría el campo sobre el cual se realizaría la acción de apoyo, a saber: la conducta (psico) en un sentido amplio y las relaciones interpersonales (social). Por lo tanto cuando hablamos de AP, nos estaríamos refiriendo a todas aquellas actividades del profesional sanitario conducentes a sostener, proteger, auxiliar y favorecer la conducta (considerada esta en su sentido amplio) y relaciones interpersonales de sus pacientes. Pero... ¿Qué conductas? ¿Qué relaciones? Dado el campo en el que nos movemos, obviamente, todas aquellas que estén implicadas en la promoción, protección y recuperación de la salud, tanto física como mental.

Las acciones de AP son transacciones interpersonales a través de las cuales se muestra interés, afecto, empatía y confianza hacia el paciente, comunicadas de tal manera que éste se percibe cuidado, estimado, valorado, querido, integrado (en una red social), o bien mediante las que se le proporciona ayuda tangible o información relevante para resolver un problema o evaluar la actuación personal. Podríamos hablar de AP como un conjunto de disposiciones actitudinales (empatía, confianza) y acciones (informar, prestar servicios) presentes y facilitadas en un contexto comunicativo idóneo y dirigidas a la ayuda del otro.

En definitiva, se trata de establecer una relación de ayuda que pueda ser conceptualizada como una *relación terapéutica*, que resulta de una serie de interacciones entre el profesional de la salud y la persona receptora de cuidados (paciente, cliente o familia) durante un determinado período de tiempo, en el que el profesional focaliza su actuación en las necesidades y problemas de la persona, familia o grupo, mediante el uso de conocimientos, actitudes y habilidades propios de la profesión con los que facilita el desarrollo y crecimiento de la otra persona. En esta relación se trata de lograr una atenuación o superación del síntoma emocional, un refuerzo de los sistemas defensivos y una disminución de las molestias que su entorno le impone.

El AP requiere que el profesional de la salud (que actúe de facilitador del mismo) cumpla con una serie de condiciones para llevarlo a cabo correctamente. En primer lugar debe mantener una actitud de *aceptación plena* o incondicional del paciente, cualquiera que sea su estilo de vida, orientación sexual, ideología, etc. Ello no ha de suponer un cambio en el sistema de creencias personal del profesional de la salud, sino su reconocimiento y control para evitar que interfiera en el establecimiento de la relación. Debe tener conciencia de como su propio sistema personal de creencias, sus valores, sus necesidades y sus limitaciones pueden influir sobre los pacientes. En segundo lugar debe ser *coherente* e *integro*. Debe evitar crear falsas expectativas sobre sí mismo y apoyar con honestidad, equidad y respeto, evitando afirmaciones alejadas de la realidad. En tercer lugar tener *disponibilidad* y la *accesibilidad* temporal y física. Cuando la disponibilidad temporal sea limitada, el facilitador debe hacerlo saber al paciente, para que este pueda decidir si usar ese tiempo o esperar a otro momento en que se le pueda ofertar mayor dedicación. Y por último asegurar la confidencialidad, tanto a nivel personal como de archivos (uso de claves, acceso restringido) de los datos manejados durante la relación, así como la intimidad, procurando un ambiente tranquilo y cómodo.

Cuadro 3. *Guía para una sesión de AP*

- Presentarse.
- Decir al paciente el tiempo disponible e indicarle la posibilidad de seguimiento.
- Asegurar la intimidad y la confidencialidad.
- Usar un tono de voz neutral, no inquisitorial.
- Facilitar la expresión.
- Reflejar sus ultimas palabras.
- Usar sus ultimas palabras para hacer nuevas preguntas.
- Preguntar si es necesario centrar la cuestión.
- Utilizar la pregunta socrática, dirigida a facilitar el autoconocimiento.
- Evaluar lo que la persona conoce de su situación (enfermedad), corregir la información errónea y dar nueva información necesaria para ese momento.
- Prestar atención a lo que dice y deja de decir (formular hipótesis) y también como lo expresa.
- Hacer una pausa antes del final, recapitular y devolver los contenidos.

5.3.2.1. Tipos de AP

Podemos distinguir cuatro tipos de apoyo:

Apoyo Emocional

Conductas que fomentan los sentimientos de bienestar afectivo, y que llevan al sujeto a creer que es admirado, respetado y amado, y que hay personas disponibles para proporcionarle cariño y seguridad. Se trata de expresiones o demostraciones de amor, cariño, estima, simpatía y/o pertenencia a grupos.

Apoyo instrumental

Acciones o materiales proporcionados por otras personas que permiten cumplir las responsabilidades cotidianas, o que ayudan a resolver problemas prácticos (cuidar niños, prestar dinero, realizar una gestión, etc.).

Apoyo Informacional

Proceso a través del cual las personas reciben información, consejo y guía, que les ayude a comprender su mundo y/o ajustarse a los cambios que existen en él. Se trata de comunicaciones de opiniones o hechos relevantes para resolver dificultades de la persona.

Apoyo evaluativo

La información que se transmite en el apoyo evaluativo es relevante para la autoevaluación, para la comparación social. Es decir, otras personas son fuentes de información que los individuos utilizan para evaluarse a sí mismos. Esta información puede ser implícita o explícitamente evaluativa.

5.3.2.2. Encuadre del AP

Otros aspectos a definir serían los relacionados con el a *quién* y el *cuándo*.

En cuanto a las indicaciones (a *quién*), el apoyo psicosocial sería especialmente adecuado para:

1. Personas básicamente *normales* que han sucumbido ante una situación transitoria pero altamente estresante (la profunda tristeza de un duelo por la pérdida de un ser querido).
2. Personas cuya perspectiva a acciones actuales constituyen una seria amenaza para sí mismos y los demás (suicidas, reacciones de pánico, abuso de sustancias).

3. Las personalidades límite cuya estabilidad está siempre vacilante y que pueden preservarse de trastornos más graves.

4. Como medida auxiliar de una psicoterapia, con objeto de reforzar los recursos de enfrentamiento del cliente durante períodos de notable malestar emocional (ansiedad o depresión).

5. Toda persona que manifieste carencias que necesitan la asistencia sanitaria, aunque esta persona no está bajo tratamiento médico, ni sometida a control alguno.

El *cuándo* viene fundamentalmente dado por el paciente en función de sus necesidades (dimensión subjetiva), pero también lo puede marcar el desarrollo evolutivo de la persona y/o el desarrollo de los procesos dentro del continuo enfermedad-salud que está viviendo en ese momento (dimensión objetiva), aún cuando el usuario no se sea totalmente consciente de ello. De esta manera una acción de AP puede originarse en la demanda del usuario tanto como en la decisión fundamentada del profesional de la salud, si bien en este último caso normalmente se requeriría una mayor habilidad para interesar al paciente.

5.3.2.3. Estrategias del AP

En relación al *qué* y el *cómo* (qué se hace para prestar AP), conviene, al menos por principios didácticos, hablar por separado de los diferentes tipos de apoyo (emocional, informacional, evaluativo e instrumental), aunque en la práctica real se entremezclan.

Con respecto al *Apoyo Emocional*, en una primera aproximación, diríamos que supone al menos tres aspectos:

1. Atender el discurso y los silencios del paciente para conocer sus aflicciones (escucha activa).

2. Comprender lo que le aflige (preocupaciones, temores, dolor, etc.) desde su perspectiva (empatizar) y normalizarlo (tranquilizar).

3. Guiarle y acompañarle en la búsqueda de soluciones (asesorar y persuadir).

Cada una de estas aspectos supone a su vez un nivel de comunicación eficaz y eficiente. La terapéutica de *Apoyo Emocional* incluye, por tanto, cuatro *comos* (procedimientos) básicos: *escucha activa*, *empatía*, *tranquilización* y *persuasión*. Veamos cada una de ellas.

Escucha activa

Es el acto de escuchar con esmerada e interesada atención y apertura todo aquello que el paciente desee y necesite contarnos. Se anima al paciente a que se sienta libre de expresar las tensiones reprimidas y comparta sus pensamientos con el facilitador de apoyo. Expresamos la escucha activa hacia el paciente mediante la mirada (fijada en él frecuentemente), el acercamiento corporal, los gestos de asentimiento y breves paráfrasis. Con frecuencia la escucha activa deriva en que las personas consiguen un cierto grado de alivio emocional simplemente al descargar sus penas en un oyente compresivo. El valor terapéutico que se consigue se obtiene por el recurso de escuchar sin reprobación, tal que la persona turbada puede *ventilar* sus cosas (efecto de ventilación) sin censuras. Pero no sólo sirve para disminuir la tensión, sino también para ayudar al paciente a que aprenda a aceptar los problemas y desarrollar un enfoque más constructivo para su solución. El mismo acto de traducir sentimientos internos en palabras ayuda a recuperar el control de sí mismo (a ordenar las ideas).

Empatía

Consiste en ser capaz de ponerse en la situación del otro, tratar de captar la realidad desde su perspectiva (su experiencia única) y conectar con sus sentimientos aquí y ahora. Es el sentimiento de participación afectiva del profesional en la realidad que afecta al paciente. Es parte de lo que denominamos Inteligencia Interpersonal y nos permite reconocer y responder adecuadamente a los sentimientos y actitudes de los demás. La manera de demostrar la empatía al paciente es mediante la devolución, la retroalimentación. Partiendo de las propias palabras del paciente, estructuramos y devolvemos resúmenes de lo que nos dice, a fin de contrastar si realmente estamos captando el sentido de lo que nos quiere transmitir. Ello produce en la otra persona un claro sentimiento de comprensión, incrementando su confianza básica. El paciente al ser escuchado sin ser juzgado ni rechazado por el facilitador, aún cuando revele defectos o cualquier otro contenido en apariencia censurable, se anima a volver a examinarse a sí mismo de manera más indulgente (no ser juzgado nos enseña a no juzgarnos).

Tranquilización

El simple acto de hacerle participe es una forma de tranquilización implícita, de que no todo está perdido, que existe alguien conocedor y comprensivo al que puede dirigirse para obtener alivio y fortaleza en momentos de ansiedad y desesperación. La capacidad de compartir sus preocupaciones con una persona simpática o comprensiva las despoja de su cualidad aterradora. Tranquilizar no consiste en minimizar o negar la importancia de lo que le sucede (decir "no se preocupe, esto no es nada" es un ejemplo de lo que no se debe decir). Es abrir la esperanza, no negar la percepción de la importancia que el problema tiene para el paciente, y finalmente ayudar a reevaluar dicha importancia de una manera más relajada a la luz de los nuevos recursos que se están adquiriendo. Tranquilizar es ayudar a descubrir al paciente el origen de sus sentimientos (p.e. sus temores). Pueden ser producto de mala información, de creencias injustificadas o de una distorsión de los hechos. Descubierto el origen, pasamos a contrastar. Ayudar a convertir la ansiedad en un miedo identificable, buscando la causa de la misma, contribuye a poder abordarla de forma eficaz. La verbalización repetida de actitudes y experiencias molestas desagradables le permite enfrentarse a sus miedos y conflictos con menos turbación. La "re-visión" del problema del paciente se continúa hasta que ya no reacciona de manera emocionalmente negativa o descontrolada ante él. Las estrategias de la PNL en relación al uso del metaparadigma son aquí útiles. Además, ahora que gracias a la empatía conocemos su visión de las cosas, podemos ayudarle a modificar sus representaciones, a reestructurarlas. Entra aquí también el uso de metáforas (sirven también pequeño relatos y anécdotas) para ayudarle a ver las cosas con otra mirada.

Persuasión

Con esta técnica el facilitador de apoyo intenta que el paciente descubra que posee dentro de él la voluntad y los recursos para volver a orientar sus actitudes y conductas en la dirección adecuada. Se emplean diferentes estrategias. Tiene mucho que ver con *rescatar,* de la historia del paciente, situaciones ya superadas y la forma en como se enfrentó a ellas. En la *persuasión* bien mediante la posición de autoridad o mediante el uso de sutiles estratagemas (sugestiones, prescripción paradójica, etc...), el facilitador de apoyo *ordena* al paciente que coja el control de sí mismo y rechace las suposiciones y hábitos irracionales que constantemente perturban su vida. Apelando al sentido común del paciente se le hace ver las razones que tiene para abandonar sus caminos desviados, desarrollar una nueva perspectiva de la vida y volver a construir una sensación de autoestima. Se hacen sugestiones concretas para ayudar al cliente a volver a orientar sus objetivos, eliminar sus hábitos molestos a base de controlar sus pensamientos turbadores, asumir responsabilidades con confianza y autoridad y enfrentarse a la adversidad con una actitud objetiva. El facilitador de apoyo no aconseja opciones concretas, sino abre la mente del paciente a un abanico de alternativas y le proporciona herramientas para analizar (la pregunta socrática) sin señalar. También aquí cabe trabajar con metáforas, anécdotas y relatos.

El AP además incluye otras acciones diversas en el aspecto emocional y conductual como:

- Reforzar positivamente los comportamientos que conducen a una mejoría de las habilidades de autocuidado.
- Reforzar positivamente la capacidad para pedir ayuda sin sentirse por ello devaluado o inútil.
- Fomentar la participación activa en todas aquellas actividades de autocuidado con el fin de fomentar la independencia y los sentimientos de autocontrol y control del medio.

Hablemos ahora del *Apoyo Informacional* o *Asesoramiento*. Las tareas de asesorar en salud se pueden reducir a dos principales, la de información y la de enseñanza o instrucción. Ambas se engloban en el concepto más amplio de educación, ya que no se trata de una mera transmisión de conocimientos. En este sentido se entiende que la labor educativa persigue ayudar al paciente a entender y clarificar sus ideas y facilitarle la adaptación a entornos y situaciones nuevas que desconoce y para las que se halla desprovisto de habilidades y conocimientos o desprotegido.

Las funciones de asesoramiento están, en parte, destinadas a la *promoción* de las experiencias que conducen a la salud. Esta finalidad se consigue mediante una serie de objetivos inmediatos: a) ayudar a un paciente a cobrar conciencia de las condiciones necesarias para la salud; b) enseñarle a obtener estas condiciones cuando sea posible; c) ayudarle a identificar las amenazas para la salud.

El *asesoramiento* incluye una serie de acciones educacionales e informativas tales como:

- Informar al paciente acerca de su enfermedad y del funcionamiento y organización sanitaria (hospitalaria, centro de salud). El acto informativo y su contenido debe ser objetivo y realista y evitar dar falsas esperanzas o provocar temores infundados.
- Proporcionar información al paciente y familia acerca de todas aquellas dudas o temores que puedan presentarse en relación con la situación actual, desmitificando falsas concepciones. Puede ocurrir que la información obtenida haya desencadenado más ansiedad -por ser demasiado negativa- produciendo asociaciones desagradables (dolor, muerte, etc.).
- Entrenar al paciente en todas aquellas habilidades de autocuidado que necesita poseer para asegurar la satisfacción de sus necesidades y fomentar su independencia.
- Enseñar al paciente estrategias positivas de afrontamiento que le permitan hacer frente a la situación de ansiedad de forma adaptativa. Aportarle y enseñarle técnicas básicas de bienestar emocional.
- Ayudar a la persona y a la familia a identificar la necesidad de un sistema de apoyo y proporcionar la información sobre redes sociales a las que pueden acudir en busca de ayuda y como hacerlo de forma efectiva (grupos de autoayuda, asociaciones, etc.).

En definitiva el *asesoramiento* debería:

- ayudar a concretar los problemas,
- informar y aconsejar sobre servicios y recursos médicos y sociales.
- servir de ayuda a elegir alternativas realistas,
- estimular la toma de decisiones y
- motivar el cambio conductual.

Tal y como se ha expuesto hasta ahora el asesoramiento, puede parecer que se trata de una actividad unidireccional y rígidamente protocolizada que inicia siempre el profesional de la salud. Nada más lejos. La mayor parte del asesoramiento surge de las necesidades del paciente al ritmo que las va expresando. Además, la forma de comunicarlo, debe de estar totalmente adaptada a su nivel educativo y social. Es, por tanto, una actividad interactiva, y la forma más eficaz de dispensarla es a través de un diálogo paciente-profesional, en el que la retroalimentación continua nos garantice la adecuada absorción de dicha información.

El AP *Valorativo* sería tan sólo una variante específica del AP *Informacional*, en la que la información proporcionada al paciente consiste en la retroalimentación de su propia ejecución. Dicho de otra manera, se trata de actuar como *espejo* del paciente. En nuestras valoraciones el paciente puede verse reflejado, de manera que dispone de una información útil para mejorar su actuación. No es ni más ni menos que lo que un entrenador hace cuando corrige al deportista en su técnica. El observador externo tiene una perspectiva mayor que el propio ejecutante.

El *Asesoramiento* o *Apoyo Informacional* no consiste en aconsejar una acción concreta, sino mostrar, desde la neutralidad, un abanico de posibilidades y alternativas y ayudar a su elección despejando dificultades. Es una relación semiestructurada con la pregunta abierta y circular como herramienta, un intercambio en dos direcciones de sentimientos, hechos y acción. El *Apoyo Informacional* requiere de la coherencia en la información, que sea técnicamente valida y no ambigua tanto intra como ínter facilitador.

Cuadro 4. *Objetivos del Apoyo Informacional*

- Identificar con el paciente sus problemas y ayudarle a manejarlos.
- Delimitar las conductas especificas a modificar.
- Identificar sus estrategias de afrontamiento ineficaces y diseñar nuevas formas.
- Identificar los obstáculos para el cambio.
- Buscar la motivación para el cambio.
- Proveer de información de la información necesaria de manera adaptada.
- Evaluar el impacto emocional de esos problemas sobre el paciente.
- Apoyar al paciente a tomar decisiones informadas y manejar su vida según permitan las circunstancias.

La herramienta fundamental del *Asesoramiento* no es la explicación (que también usaremos), sino *la pregunta*, más incluso de lo que podría ser las propias respuestas. Normalmente las preguntas se utilizan para reunir información sobre interacciones, patrones de conducta, relaciones, creencias, etc. . Pero además de para esto, a través de las preguntas se facilita la salida de ideas y sentimientos que no se expresan abiertamente a menudo (pregunta socrática). Se puede emplear un amplio rango de preguntas con las que conseguir el efecto neto de ayudar a las personas a hablar sobre temas difíciles y ver su situación desde una perspectiva diferente. Las formas de *afrontamiento con* y de *ajuste a* las circunstancias pueden entonces evidenciarse y por lo tanto redirigirse.

Todas las preguntas son potencialmente terapéuticas en tanto que el mero hecho de escucharlas suponga un reto para las ideas y esquemas de una persona y cada pregunta está diseñada para tocar aspectos diferentes del problema (lo que a su vez facilita una visión contextual más amplia que en sí misma genera alternativas de solución). En este sentido deben plantearse cuestiones de respuesta múltiple para desarrollar una visión más completa de las relaciones entre elementos de la situación, y evitar que puedan contestarse con un simple "si" o "no", dado que esto cierra más que abre una conversación.

Mediante el adecuado encadenamiento de preguntas podemos llevar a la persona hacía la solución de una cuestión por ella misma sin que la solución haya salido de nuestros labios, si bien la disposición de las preguntas tiene un guión implícito que, como un embudo, dirige hacia las alternativas más adecuadas.

Observemos el siguiente ejemplo. Un paciente lleno de ira nos relata como "esa perra me contagió el SIDA" y se inicia esta conversación (que hemos abreviado en sus puntos esenciales):

Consejero: ¿Quién es esa persona a la que te refieres?

Paciente: es la chica con la que salgo desde hace ya un tiempo, unos meses.

C: ¿Qué te atrajo de ella, por qué te gustó cuando comenzaste a salir?

P: La vi diferente, libre, con ideas cercanas a las mías y un atractivo especial. Aunque no era exactamente guapa.

C: ¿Qué sentías por ella? Antes de saber esto, claro.

P: Creo que me estaba enamorando, pero esto de ahora...

C: Ya. La definiste como libre y esto te gustaba entonces. ¿Sabias que había mantenido relaciones con otros hombres antes? ¿Te importó entonces?

P: Si, sabía que no era virgen. De hecho habíamos hablado en alguna ocasión de sus anteriores parejas. Pensé que era lo lógico hoy en día. Entonces no sólo no me importó sino que me pareció lo normal.

C: Quieres decir que entonces te pareció bien que una mujer de hoy en día disfrutara libremente de su sexualidad.

P: Si, si...

C: ¿Deseabas hacer el amor con ella?

P: Por supuesto que quería, y mucho.

C: Así que, si te he entendido bien, hiciste el amor con alguien que te gustaba y por que te apeteció. ¿Utilizabas condones?

P: Bueno no. Ella tomaba anticonceptivos. ¿Para que iba a utilizarlos? Parecía sana.

C: Así que pensaste que no era necesario usarlo. ¿Verdad?

P: La verdad es que si.

Como se puede deducir, el profesional sabe que la responsabilidad de la transmisión del VIH es compartida, pero no va a decirlo de forma directa. Estamos ante una persona que libremente se ha relacionado sexualmente con otra, y lo ha hecho sin protección porque no estimó oportuno hacerlo en función de criterios personales. Sin embargo responsabiliza a otra de sus decisiones ("me contagió"). A través de este tipo de preguntas vamos rompiendo estos esquemas y hacemos ver la situación desde otra perspectiva diferente que la inicial, de manera que al paciente le sería relativamente sencillo llegar a nuestra misma conclusión, que en ningún caso le adelantaremos, facilitándole la comprensión. Finalmente con ello lograremos contener y neutralizar su ira, o cualquier otra emoción negativa, y facilitaremos el camino hacía el cambio actitudinal y conductual.

Veamos otro ejemplo de situación de consejo. Una adolescente de 15 años se presenta en un servicio de planificación familiar y solicita que se le receten píldoras anticonceptivas:

C: ¿Te importaría que habláramos un poco antes de recetártelas? Me gustaría conocer algo de ti para poder orientarte lo mejor posible.

P: No tengo inconveniente.

C: ¿Tienes ahora pareja estable?

P: No exactamente. Hay un chico que me gusta mucho, nos hemos besado y eso... pero no se.

C: No está todavía muy claro si esa relación se va a consolidar.

P: No, y además hay otro niño que me ha pedido salir con él, y no sé que hacer con él.

C: ¿Has tenido relaciones sexuales con penetración ya?

P: La verdad es que aún no, pero algunas amigas si. Y hemos hablado mucho, y a veces he tenido ese pensamiento y estoy pensando que quizás surja un día y no quiero quedarme embarazada.

C: Eso es realmente inteligente por tu parte. ¿Qué sabes del uso de la píldora?

P: Bueno, que hay que tomarla todos los meses, creo unos días si y otros no, pero siempre después de haberlo hecho durante varios días para no quedarte.

C: No exactamente. Es una toma diaria, siempre a la misma hora, independientemente de que tengas relaciones o no, y con unos días de descanso entre una serie y otra. La toma de las pastillas se coordina con la regla.

P: Ósea, que tengo que tomarla todos los días.

C: Si. Conociéndote ¿Crees que serías capaz de acordarte de tomarte todos los días una pastilla a la misma hora aunque no tengas relaciones?

P: Pues la verdad no estoy segura, porque yo soy despistadilla. ¿Y qué pasa si se me olvida de tomar alguna?

C: Que deja de ser un método seguro y puedes quedarte embarazada, aunque te hayas tomado algunas pastillas. De hecho lo adecuado sería entonces usar un preservativo ya que no habría garantías.

P: No sé que hacer.

C: Si aún no has empezado a mantener relaciones sexuales y tienes dudas de pode mantener un cumplimiento estricto en la toma de la píldora, yo me pensaría estar tomando un medicamento todos los días si realmente no voy a mantener relaciones sexuales fijas. Podríamos buscar algo que te fuera más cómodo, que con usarlo en el momento valiera. ¿Se te ocurre algo?

P: Quizás sería mejor un condón, ya que si no llevo bien el control de la píldora a final lo voy a tener que usar también. Pero ¿Son seguros?

C: Bien usados claro que si.

Como vemos el profesional intuye que el anticonceptivo oral quizás no sea la mejor elección e intenta que la joven reflexione y explore otras posibilidades enfrentándola con su propio desconocimiento y falta de disciplina para llevar correctamente la prescripción y enfocándola a buscar otra alternativa. Así pues el consejero no le dice a la persona lo que tiene que hacer. No introduce en la entrevista sus propias palabras, opiniones o sentimientos. Recoge las palabras y los sentimientos de la persona turbada o desorientada y los utiliza para ayudarla a analizar y expresar ulteriormente sus sentimientos y dudas en voz alta.

No obstante, enseñar técnicas básicas de bienestar (técnicas de respiración, relajación, meditación, etc.) también forma parte del Apoyo Informacional. Y, en este caso, el profesional de la salud tiene un papel mucho más directivo.

Por último, y en lo que respecta al *Apoyo Instrumental*, ya dijimos que consistía en acciones o materiales proporcionados por otras personas, en este caso el profesional de la salud, que permiten cumplir las responsabilidades cotidianas, o que ayudan a resolver problemas prácticos (cuidar niños, prestar dinero, realizar una gestión, etc.). Clarificar que son acciones consistentes en prestar bienes y servicios mediante una ayuda tangible o material. No siempre serán directamente prestadas por el profesional de la salud, pero éste puede ser el puente hacia su consecución, a través de poner en contacto al paciente con los servicios sociales, institucionales u ONG que los presten.

5.5. Referencias

Berne, E. (1966). *Los juegos en que participamos*. Buenos Aires: Vergara.

Berne, E. (1974).*¿Qué dice usted después de decir "hola"?* Barcelona: Grijalbo.

Cian, L. (1994). *La relación de ayuda*. Madrid: CCS.

Cibanal. L., & Arce M.C. (1991). *La relación Enfermera-Paciente.* Alicante: De Universitarias.

Chalifour, J. (1994), *La relación de ayuda en Cuidados de Enfermería. Una perspectiva holística y humanista*. Barcelona: SG.

Costa, M. & López, E. (2003). *Consejo Clínico*. Madrid: Síntesis.

Costa, M. & López, E. (2006). *Manual para la ayuda psicológica. Dar poder para vivir*. Madrid: Pirámide.

Ciaramicoli, A. & Ketcham, K. (2000). *El poder de la empatía*. Barcelona: Vergara.

Fernández-Abascal, E.G. & Chóliz, M. (2001). *Expresión facial de la emoción*. Madrid: UNED.

McKay, M., Davis, M. & Fannimg, P. (1995). *Mensajes. El libro de las técnicas de comunicación*. Madrid: RCR.

Mehrabian, A. (1972). *Nonverbal communication.* Chicago, IL: Aldine-Atherton.

Novel, G., Lluch, M.T. & Miguel, M.D. (1991). *Enfermería Psico-Social II.* Barcelona: Salvat Editores.

O'Connor, J. & Seymour, J. (1992). *Introducción a la Programación Neurolingüística*. Barcelona: Urano.

Rogers, C. (1972). *Psicoterapia centrada en el cliente.* Buenos Aires: Paidós.

Watzlawick P., Beavin J., & Jackson, D. (1967). *Teoría de la Comunicación Humana*. Barcelona: Herder.

Capítulo 6.

Aspectos psicológicos del proceso salud-enfermedad

6.1. Introducción

El ser humano funciona como un todo único. Es en esencia un ser bio-psico-social y requiere por tanto, desde el punto de vista de la atención a la salud, el cuidado de los problemas que surgen en esos tres niveles., Como ya vimos, el diagnóstico y el tratamiento de las enfermedades predominantemente biológicas implican siempre la aparición de reacciones/alteraciones psicológicas que estas producen en sus pacientes.

Toda alteración somática se acompaña en mayor o menor grado de una reacción a nivel psicológico, cuya magnitud en ocasiones se escapa, y el sufrimiento humano que dichas reacciones producen queda frecuentemente sin la atención y el consuelo adecuado y necesario.

El objetivo de este capitulo es lograr que desde las Ciencias de la Salud se profundice en la importancia de conocer y atender estas reacciones psicológicas en todos y cada uno de los pacientes con afecciones somáticas que requieren de nuestra ayuda profesional. Y ello desde la perspectiva del individuo normal que se enfrenta a una situación no habitual o anormal.

6.1.1. Significado psicológico de la enfermedad

Todos necesitamos un equilibrio psicológico y social, al igual que una homeostasis fisiológica. Cuando algo rompe nuestras pautas de comportamiento y modo de vivir, empleamos mecanismos, en general también habituales, para solucionar los problemas y restablecer el equilibrio. Una situación nueva en la que nuestras pautas de respuesta habituales son inadecuadas para manejarla, conduce a un estado de desorganización a menudo acompañado de estrés, miedo, culpabilidad, u otros sentimientos desagradables que contribuyen todavía más a la desorganización.

La enfermedad es un proceso de deterioro que daña el funcionamiento biológico y/o psicológico y/o social de una persona y que puede llegar a conducir a la muerte. En la mayoría de las sociedades y culturas se otorga a la salud un valor muy alto. Por tanto, la aparición de la enfermedad en la vida de una persona supone siempre una situación de crisis. En mayor o menor medida produce un impacto en la vida del sujeto y una ruptura de su comportamiento y modo de vida habitual, generando una situación de desequilibrio, que es, en último extremo, lo que cabe denominar situación estresante.

La enfermedad constituye una crisis de duración variable que conduce a cambios más o menos permanentes entre los pacientes y sus familiares. La potencia de la crisis proviene de la interrupción repentina de las funciones habituales y de la amenaza omnipresente a la vida y a la adaptación de la persona. Puede que tenga que afrontar hospitalización y separación prolongada de su familia y amigos, dolor e impotencia, cambios permanentes en su aspecto o en su función corporal, pérdida de papeles clave, y un futuro inseguro e imprevisible, incluyendo la posibilidad de la muerte. Las crisis de salud habitualmente no pueden ser anticipadas, su significado para la persona que enferma es ambiguo, y con frecuencia le falta información clara y tiene que tomar decisiones definitivas y rápidas.

La enfermedad tiene muchas de las características que hacen de ella que un acontecimiento sea estresante, es decir, es interpretada como dañina, perjudicial, o, en algunos casos, como desafiante, para la persona. Tiene una valencia negativa, puesto que constituye un daño y/o una pérdida (material y/o funcional) objetiva socialmente valorada como tal; es impredecible las más de las veces, y es, también, al menos desde la perspectiva del enfermo, incontrolable, por lo que deberá confiar el control de los acontecimientos a otra persona, el médico.

En ocasiones también puede aparecer el fenómeno de la *ganancia secundaria*, en el sentido de que el paciente no siempre valorará la enfermedad como algo absolutamente negativo, bien porque por un lado puede ayudarle a reflexionar sobre la necesidad de modificar hábitos de vida, u ofrecerle la posibilidad de un reposo necesario, bien porque la enfermedad le libera de responsabilidades y le permite obtener unas atenciones que estando saludable no tenía disponibles. Esto último puede en ocasiones dificultar el proceso de recuperación, pues la ganancia secundaria es percibida como de mayor valor que la propia salud.

6.1.2. Factores que condicionan la reacción Psicológica

Los factores fundamentales que condicionan la reacción psicológica del paciente ante la enfermedad somática son:

1. La personalidad.
2. Las características de la enfermedad.
3. La situación o contexto espacio/temporal de la biografía del paciente en el que se produce la pérdida de la salud.

6.1.2.1. Personalidad del paciente

Se integra a partir de múltiples factores. El resultado final de esta integración da lugar en cada ser humano, a partir de su historia individual, a características diferenciales; es por ello que la reacción psicológica frente a un hecho tan importante como la pérdida de la salud, tiene matices muy diversos en cada uno de nuestros pacientes.

Es evidente que verse encamado y relativamente aislado por un ingreso hospitalario no tendrá el mismo significado para una persona introvertida que para otra persona que sea extrovertida. La reacción de los pacientes con marcados rasgos dependientes no se parece en absoluto a la de aquellos en quienes la independencia predomina como rasgo caracterológico. La forma en que el histriónico *sufre* la enfermedad es muy distinta a la del sujeto en quien predominan rasgos obsesivos, comportándose con mucho dramatismo y llamando la atención. De igual manera quedará matizada toda la actividad del paciente paranoide, con su susceptibilidad y desconfianza, o la del sujeto con un elevado neuroticismo, con esa gran labilidad emocional, o la del hipocondríaco, con su permanente estado de hipervigilancia, queja y demanda.

6.1.2.2. Características de la enfermedad.

Es también un factor determinante de la reacción del paciente. Es evidente que no producirá la misma repercusión psicológica un catarro que un cáncer; ni influyen de la misma manera una enfermedad aguda, que aunque sea desagradable pasa en unos días, y una enfermedad crónica, que acompaña al sujeto el resto de su vida. También reaccionarán de modo distinto dos personalidades casi iguales, si el tratamiento en un caso exige una intervención quirúrgica y en el otro basta con tomar algún medicamento en tabletas. Pero es bueno recordar que el criterio del paciente acerca de la peligrosidad de una enfermedad para la vida, su carácter crónico, o lo peligroso de un tratamiento, no siempre coincide con el criterio científico que refleja la realidad objetiva. Por tanto, si no somos capaces de informarnos con exactitud de sus criterios sobre la enfermedad, no podremos prever y aliviar la magnitud de su reacción, que estará en correspondencia con esos criterios.

Por último, recordemos que hay enfermedades que además de su mayor o menor gravedad implican un rechazo social, o al menos muchos pacientes así lo consideran (por ejemplo el SIDA). La reacción frente a esas enfermedades está más en relación con la amenaza de bochorno o pérdida de prestigio social que con el riesgo biológico que se le atribuye.

Resumiendo, la reacción ante la enfermedad depende de:

1) De su *duración* (aguda/crónica).
2) De su *forma de aparición:* repentina e inesperada, lenta y evolucionada, manifiesta o insidiosa.
3) De su *intensidad y gravedad.*
4) De las *etapas del proceso de la enfermedad* (diagnóstico, tratamiento, pruebas, deterioro, etc.)

6.1.2.3. Situación y momento vital

El momento en que se presenta la enfermedad y las circunstancias que rodean al paciente, resultan también decisivos en su forma de reaccionar. En una persona, en dos momentos distintos, la misma enfermedad no tiene iguales implicaciones. Por ejemplo, en el caso de un estudiante las implicaciones varían según aparezca la enfermedad en período de exámenes o en otra época del año; más grave es aún si se trata de un atleta olímpico al que una pequeña lesión (que resultaría intranscendente para otra persona) le impide participar en una competición. Con frecuencia el médico que ordena un ingreso no está al tanto de las situaciones que se crean con el cuidado de los hijos, en la economía familiar o en el centro de trabajo donde el paciente puede estar en un momento decisivo para el cumplimiento de funciones importantes; esto le impide comprender lo que le parece una reacción desproporcionado del paciente ante el problema de salud, o lo que es peor, no detecta la intensidad de la reacción y no brinda ningún tipo de apoyo en la tormenta emocional que padece a solas el paciente en su cama de ingresado.

6.2. La adaptación.

Adaptación es la acción por la cual un ser se ajusta a un medio en el cual vive, conciliando sus propias tendencias y las limitaciones que este medio le impone. Es el proceso comportamental (cognitivo, fisiológico y/o motor) a través del cual un organismo resuelve, de la forma más eficaz y eficiente posible, las demandas que surgen en su interacción con un medio cambiante, a resultas del cual, dicho organismo, sobrevive, aprende y evoluciona pasando por sucesivas y diferentes relaciones de equilibrio. Uno de los principales mecanismos de adaptación es el ya visto de la respuesta de estrés.

Probablemente los seres humanos somos, en su conjunto, los organismos más flexibles, adaptables, inteligentes y resistentes que ha producido la evolución natural, tras una larga lucha evolutiva. Pero además de la herencia, poseemos un sistema nervioso suficientemente plástico, base de nuestro comportamiento, que nos permite aprender a nivel individual a través de la experiencia (la mosca que se golpea en el cristal, lo hará una y otra vez, no puede aprender de la experiencia).

La adaptación es un proceso doble constituido por:

- La asimilación: ajuste del ambiente al organismo.

- La acomodación: ajuste del organismo al ambiente.

La adaptación es pues un fenómeno que corresponde a las transacciones eficaces entre el organismo y su ambiente, que implican cambios tanto en uno como en el otro, facilitando así la supervivencia del primero. En el hombre la adaptación se da dentro de un contexto social y como tal debe entenderse. La adaptación humana comprende aspectos tanto cognitivos como emocionales (si es que pueden separarse ambos aspectos) y motores.

La aparición de la enfermedad y la pérdida de la salud, constituye un cambio vital que introduce en la historia de una persona circunstancias excepcionales para las que sus estrategias habituales de conducta resultan ser inadecuadas o insuficientes. Se crea entonces la necesidad de movilizar mayores y/o distintos recursos para adaptarse a la nueva situación. En dicho proceso adaptativo, por tanto, se generan emociones y se movilizan recursos. Los recursos son los elementos y/o capacidades, internos o externos, con los que cuenta la persona para hacer frente a las demandas. Se distinguen:

- Materiales y económicos.
- Vitales.
- Psicológicos (habilidades de resolución de problemas y habilidades sociales).
- Sociales (apoyo social).

6.3. La enfermedad y las emociones básicas: ansiedad, miedo, depresión e ira.

Las emociones podemos conceptualizarlas (eludiendo polémicas) como un complejo de activación/sentimiento: de activación fisiológica (por ejemplo, secreción de catecolaminas) por un lado y de evaluación cognitiva o interpretación del estímulo por otro (daño, amenaza, desafío, etc.).

Este tipo de respuestas es resultado, como se ha dicho, de la apreciación del acontecimiento de la enfermedad como estresante, es decir, de su evaluación como amenaza, daño, pérdida o desafío, y de que los recursos no son adecuados para afrontar las demandas del acontecimiento. Esta apreciación puede evocar estados efectivos negativos entre los cuales la depresión, la ira y la ansiedad son los más habituales. La ansiedad no sólo puede aparecer como resultado directo de la apreciación de estrés, sino que también puede hacerlo en fases posteriores como consecuencia del fallo del ajuste realizado, o de la posibilidad de recurrencia del acontecimiento, o incluso puede presentarse si el sujeto no puede afrontar correctamente la depresión o la ira.

El terceto ira, miedo y depresión constituye nuestro conjunto básico de emociones hereditarias asociadas con la supervivencia frente a situaciones estresantes. Todos hemos experimentado las emociones de la ira, el miedo y la depresión, asociadas con situaciones (estímulos) como son la obstaculización, la amenaza/desprotección y el abandono/depreciación respectivamente.

Las emociones negativas de la ira, el miedo y la depresión tienen un valor para la supervivencia, de la misma manera que lo tiene el dolor físico. Cuando experimentamos una emoción desagradable, experimentamos en realidad las modificaciones psicofisiológicas encaminadas a preparar al conjunto de nuestro cuerpo para dar una determinada respuesta de comportamiento. Estas emociones son como *alarmas* que disparan una determinada línea de acción.

En el caso de la *ira*, experimentamos los preparativos de nuestro cuerpo para un ataque. Cada vez que nos asalta el *miedo*, por otra parte, experimentamos un cambio psicofísico que prepara automáticamente nuestro cuerpo para huir del peligro lo más deprisa posible. Si por el contrario nos sentimos frustrados por algo que no podemos modificar, es probable que nos sintamos luego emotivamente *deprimidos*. Aunque la depresión puede parecer actualmente desprovista de valor para la supervivencia, para nuestros antepasados primitivos era un estado beneficioso cuando se verán obligados a soportar un período de condiciones ambientales especialmente duras, y obrar así aumentaba sus posibilidades de sobrevivir.

Aunque nuestros mecanismos neurofosiológicos defensivos de ira-agresión, miedo-huida y depresión-retirada no constituyen en sí mismos signos de enfermedad ni de mala adaptación, la prolongación en el tiempo y la excesiva intensidad pueden interferir con nuestra capacidad de reacción mental y verbal. Cuando somos presa de la ira o el miedo, nuestra capacidad de afrontamiento eficaz resulta en gran medida mermada. Para una persona irritada o asustada, dos y dos dejan de ser cuatro y no puede poner en marcha su capacidad racional para solucionar los problemas.

Otros autores usan la etiqueta ansiedad como término genérico para designar estas realidades. Se habla entonces de la *ansiedad confusional*, la *ansiedad paranoide* y la *ansiedad depresiva*.

Tabla 1. *Tipos de ansiedades, sus manifestaciones y conductas niveladoras*

Tipo de ansiedad	Manifestaciones	Conductas niveladoras
Confusional (amenaza de desestructuración por confusión)	confusión Indecisión Vacilación Incoordinación Tartamudez Temblores Torpeza Incertidumbre	Ordenar Clasificar Preguntar Entender Reflexionar Planificar Programar Controlar
Paranoide (amenaza de desestructuración por ataque externo)	Miedo Desconfianza Terror Paralización por pánico	Precaución Cautela Indagación Huida Contraataque
Depresiva (amenaza de desestructuración por vaciamiento)	Tristeza Aburrimiento Fatiga Insomnio Impotencia Euforia o manía Anorexia	Crear Trabajar Leer Entablar relaciones sociales y amorosas Comer Beber Dormir Estudiar Divertirse

Nota: por desestructuración se entiende una alteración del ritmo de intercambio con el medio, la amenaza de desintegrarse como persona, como unidad, y/o el no poder mantenerse *armado* y funcionando.

Tabla 2. *Tipos de ansiedades, estímulos elicitadores y actitudes principales asociadas*

Tipo de ansiedad	Estímulos provocadores	Actitudes predominantes
Confusional	• medidas de urgencia, cambios de planes, fechas • terminología técnica • excesiva rotación de personal • profusión de tratamientos e intervenciones • complejidad instrumental	• preguntas abundantes • dificultades de comprensión • desorientación espacio/temporal • insistencia en el prestigio del centro
Paranoide	• medidas que impliquen dolor físico • ropas quirúrgicas • entrevistas a familiares a escondidas • actitudes autoritarias • encierro, inmovilización física	• tono agresivo, preguntas inquisidoras • curiosidad por los aspectos personales de los miembros del equipo • reclamaciones, querellas • reticencias
Depresiva	• anestesia total • postración e indicaciones de reposo • presencia de flores, imágenes • decoración triste • presencia de religiosos • dietas rígidas • cohabitación con enfermos más grandes • exceso o falta de visitas	• euforia, optimismo, verborragia • tristeza acentuada, anorexia, insomnio, llanto • tendencia a magnificar la importancia de la enfermedad/intervención • insistencia en establecer relaciones amorosas con los miembros del equipo

6.4. El estrés

Abundemos sobre lo dicho en relación a este concepto en el capítulo 4. La palabra estrés, de origen inglés, es un término extraído de las ciencias físicas y se puede traducir por *tensión*. Recordemos que se considera que una persona esta sometida a una situación de estrés, cuando ha de hacer frente a demandas ambientales que sobrepasan sus recursos, de manera que el sujeto percibe que no puede darles una respuesta efectiva. En este tipo de situaciones, el organismo emite una respuesta de estrés, que consiste en un importante aumento de la activación fisiológica y cognitiva , que, a su vez, prepara para una intensa actividad motora.

El estrés engloba pues una demanda o estresor (sea para nuestro cuerpo o para nuestra mente) y una respuesta o estrés (una reacción psicofisiológica del organismo hacía esa demanda) para solucionarla. Estas respuestas propician una mejor percepción de la situación y sus demandas, un procesamiento más rápido y potente de la información, una mejor búsqueda de soluciones y una mejor selección de respuestas para hacer frente a la situación, preparando al organismo para actuar de forma mas rápida y vigorosa.

Los estímulos (situaciones) estresantes poseen una serie de características que los convierten en tales: 1)Incertidumbre y/o ambigüedad; 2) Cambio o novedad estimular; 3)Duración; 4) Intensidad y severidad; 5) Peligro (físico y psicosocial); 6) Alteración de las condiciones del organismo.

¿Qué puede producir estrés? Una gran cantidad de situaciones y elementos estresores pueden dar lugar a dicha respuesta de estrés. Los hay *personales* (falta de conocimientos, enfermedad, envejecimiento, hábitos inadecuados de alimentación, tabaco, alcohol), *interpersonales* (divorcio, peleas, muerte de un ser querido), *socioeconómicos* (paro, inseguridad ciudadana) y *físicos* (ruido, polución, frío, espacios insuficientes). Y en general se puede generar estrés desde el punto de vista psíquico siempre que exista *incertidumbre* (no se que pasará, p.e., guerra del golfo y reacciones anómalas de la bolsa), *cambios* (que exigen esfuerzos de adaptación), *falta de información* (p.e., desconozco el siguiente paso de la competencia), *sobrecarga informativa* (no puede manejar e integrar toda la información que llega) y *falta de conductas* (no tengo habilidades para hacer frente y manejar la situación que se presenta).

La enfermedad y la hospitalización es en ese sentido una situación estresante en tanto en cuanto se reproducen esas características mencionadas, a saber:

Tabla 3. *Características estresantes de la hospitalización*

CAMBIOS DE RELIEVE Y/O IMPORTANTES	• accidente/enfermedad inesperada • rutinas • horarios • aficiones • intimidad • separación de los seres queridos • mutilación/pérdida sensorial • estéticos • soledad
INCERTIDUMBRE (pronóstico incierto)	• autorización (consentimiento) • futuro familiar • hijos • empresa • secuelas tiempo hospitalización
PELIGRO OBJETIVO (daño, muerte)	• punciones • extracciones • exploraciones • intervenciones quirúrgicas • enfermedad incurable
ESCASA INFORMACIÓN	• información tecnificada • tratamientos • personal • resultados análisis • diagnóstico

En general podemos considerar que la hospitalización es, o puede ser, estresante al menos por cinco razones:

1. El paciente debe aceptar nuevas normas, valores y símbolos, frecuentemente inconsistentes con él mismo (estresor cultural).
2. El rol del paciente entraña elementos que presionan fuertemente sobre la identidad psicosocial del individuo (estresor estructural).
3. Debe aceptar nuevas interacciones sociales que les son impuestas, y muchas veces son conflictivas (estresor social).
4. Se producen fenómenos de disonancia entre varios esquemas cognitivos y situaciones conductuales incompatibles. Por ejemplo, una persona normalmente muy independiente que debe ser ayudada a lavarse (estresor psicológico).
5. Gran cantidad de percepciones dentro del hospital son desagradables o molestas. Olores, ruidos, etc., inherentes a dicho entorno (estresor físico).

6.5. Mecanismos de defensa y estrategias de afrontamiento

6.5.1. Mecanismos de defensa

Existen diferentes *modos para enfrentarnos con las emociones básicas*, algunos útiles, otros peligrosos y algunos sin consecuencias de ninguna clase. Algunas de las conductas resultantes del enfrentamiento con la ansiedad se denominan *mecanismos de defensa*. Los mecanismos de defensa son más o menos secuencias estandarizadas o estereotipadas de conducta que con frecuencia manifiestan cierto grado de ritualismo. Pueden tomar forma de actitudes, afirmaciones, gestos, creencias o hábitos. Estos mecanismos, hablando en general, no están directamente dirigidos a la situación que produce la ansiedad, pero nos ayudan a reducir o a enfrentarnos de otro modo con la ansiedad que se está produciendo. La ansiedad, como señalábamos antes, es una emoción negativa e incómoda, incluso dolorosa, y hacemos lo que sea para encontrar el modo de evitarla.

Una de las funciones de los mecanismos de defensa es la de proteger el autoconcepto o sentimiento de autoestima, y capacitarnos para evitar la necesidad de llevar a cabo cualquier cambio real en nuestra conducta. A causa de esta función protectora se llaman *defensas del yo*. Son por lo tanto una defensa de la *integridad psicológica.*

Existen numerosos mecanismos de adaptación que son empleados comúnmente por las personas que están impedidas para alcanzar sus objetivos. Ellos incluyen agresión (directa e indirecta), compensación, sublimación, identificación, racionalización, proyección, represión, formación de reacciones, egocentrismo, negativismo, aislamiento, regresión, desarrollo de dolencias físicas y expiación.

Definimos a continuación algunos de ellos:

- *Represión:* mecanismo de defensa que permite mantener en el inconsciente aquellos contenidos que podrían resultar dolorosos o incómodos para el Yo. Estos contenidos no son eliminados definitivamente de la consciencia, sino sólo reprimidos en aquellas ocasiones en que constituyen una amenaza para el Yo, pudiendo reaparecer en otras circunstancias en las que no tengan este valor de amenaza.
- *Proyección:* se considera la proyección como un mecanismo por el cual se exteriorizan los conflictos del propio sujeto atribuyéndolos a otras personas. Con esto el Yo transfiere la amenaza a un objeto externo (este mecanismo se pone de manifiesto cuando, por ejemplo, atribuimos a los demás,

comportamientos, fallos o defectos que nosotros mismos tememos hacer o hacemos alguna vez).

- *Desplazamiento*: cuando se ha desplegado una energía para alcanzar un objeto, y éste no se puede obtener, ya sea por la intervención de la frustración o el conflicto, se puede producir un mecanismo de desplazamiento de dicha energía hacia otro objeto substitutivo. Cuando el desplazamiento de energía se realiza desde un objeto primario instintivo a otro cultural (que tiene un valor social elevado) el mecanismo recibe el nombre de *sublimación*.
- *Regresión*: consiste en una vuelta a formas de conducta propias de la infancia para cumplir fundamentalmente dos finalidades: 1) obtener satisfacciones que no se podrían alcanzar en etapas evolutivas más desarrolladas; 2) eliminar la tensión emocional existente después de una frustración.
- *Fijación*: se considera como una relación muy intensa del instinto con su objeto, es decir, con la meta que lo satisface, aunque este objeto pertenezca o sea propio de etapas anteriores del desarrollo del individuo; es decir, se trataría de una ligazón fuerte a un objeto que perdura aún en etapas del desarrollo en las que ya no son propias tales conductas. A diferencia con la regresión, es una relación a un objeto duradera, no se vuelve a ella como consecuencia de la frustración, que era el caso de la regresión, sino que actúa constantemente como una especie de protección contra el peligro y la ansiedad.

6.5.2. El afrontamiento

Los esfuerzos, tanto intrapsíquicos como orientados hacia la acción, para manejar (es decir, dominar, tolerar, reducir o eliminar) las demandas ambientales e internas, y los conflictos entre ambas, que se evalúan como que exceden los recursos de una persona.

Cualquier esfuerzo que haga el individuo para manejar las demandas del entorno, incluyendo tanto los recursos defensivos como las habilidades de afrontamiento, y que puede darse como anticipación de una confrontación estresante o en reacción a una situación presente o pasada.

El concepto de afrontamiento enfatiza el funcionamiento adaptativo más eficaz, relacionado con el crecimiento. No sólo prevenimos y evitamos el peligro (defensa), sino que manejamos y dominamos situaciones amenazantes (afrontamiento). Las defensas operan automáticamente y por lo común sin conciencia. Las estrategias de afrontamiento, por el contrario, son voluntarias y conscientes. En ese sentido las estrategias de afrontamiento pretenden cumplir dos objetivos:

1) Resolución de problemas: encararse a las demandas internas o ambientales que crean la amenaza.

2) Regulación de la emoción: esfuerzos para modificar el malestar que acompaña la amenaza.

Algunas estrategias de afrontamiento son:

a) *Confrontación*: esfuerzos agresivos por alterar la situación ("le canté los cuarenta").

b) *Distanciamiento*: esfuerzos por desligarse del problema ("no tomarlo demasiado en serio).

c) *Autocontrol*: esfuerzo por controlar los propios sentimientos y acciones (ocultar los propios sentimientos).

d) *Búsqueda de apoyo social*: esfuerzo por buscar apoyo informativo, emocional o fáctico (p.e., solicitar información).

e) *Aceptar la responsabilidad*: reconocer el papel que uno mismo desempeña en el origen del problema (p.e., aceptar que uno mismo ha contribuido al fracaso matrimonial).

f) *Escape-evitación*: esfuerzo por escapar del problema (emborracharse, tomar tranquilizantes).

g) *Resolución planificada de problemas*: esfuerzo centrado en el problema para alterar la situación.

h) *Reevaluación positiva*: esfuerzo por dar sentido positivo al problema, centrándose en el crecimiento personal (tomar un suspenso como acicate para estudiar más).

En este contexto debemos hablar del término *resiliencia*. Dicho concepto hace referencia a la capacidad de ciertas personas para, no solo no sucumbir, sino también crecer y resultar fortalecidas tras sufrir situaciones de gran dolor emocional y traumáticas (pérdida inesperada de un ser querido, maltrato o abuso psíquico o físico, enfermedad grave, guerra, etc.). El concepto de resiliencia tiene un cierto paralelismo con el término *entereza*. Frente a la adversidad, la persona resiliente, se mantiene en pie de lucha, con grandes dosis de perseverancia, tenacidad, actitud positiva y acciones, que le permiten avanzar en contra de la corriente y superarlas conservando su integridad.

Tabla 4. *Características de las personas resilientes*

• Poseen una autoestima elevada, pero realista. • Mantienen su independencia de pensamiento y de acción. • Tienen habilidad para dar y recibir en las relaciones interpersonales. • Son disciplinados y responsables. • Se muestran abiertos y receptivos a ideas nuevas. • Soñadores • Gran variedad de intereses • Gran sentido del humor • La percepción de sus propios sentimientos y de los sentimientos de los demás • Capacidad para comunicar sentimientos de manera adecuada • Gran tolerancia al sufrimiento • Capacidad de concentración • Compromiso con la vida • Las experiencias personales son interpretadas con un sentido de esperanza • Disponen de capacidad de afrontamiento • Cuentan con apoyo social • Dotados de un propósito significativo en la vida • Locus de control interno • Perciben las experiencias, positivas o negativas, como oportunidades de aprendizaje

6.6. Papel del profesional de la salud

La intervención debe partir de una concepción global e integradora de la persona y estar orientada hacía la salud, mediante no sólo el tratamiento y los cuidados, sino también la prevención de la enfermedad, la promoción de la salud y el fomento de las conductas adaptativas. Dos serían los objetivos:

1. Ayudar al paciente en su proceso de adaptación a la nueva situación, promoviendo el autocuidado y la independencia.
2. Ayudar al paciente y la familia en la búsqueda y utilización de recursos sociales, proporcionando información y vías de canalización adecuadas.

Esto supone, entre otras funciones, desde el punto de vista de la salud mental las siguientes:

1. Ayudar a obtener satisfacciones cotidianas.

2. Colaborar en el autoconocimiento.

3. Facilitar el establecimiento de relaciones afectivas y positivas.

4. Ayudar a buscar el equilibrio emocional a través de la autoaceptación personal, control emocional, tolerancia a la frustración y aceptación de las propias emociones.

5. Facilitar el contacto con la realidad y

6. Fomentar el espíritu creativo.

Sin duda viene a cuento aquí hablar de los efecto placebo y nocebo, por estar estrechamente relacionados a dos de los elementos de los que venimos hablando: el contexto de la intervención, y la relación paciente-profesional. El estudio de estos fenómenos ha demostrado que el contexto clínico puede influir poderosamente en la efectividad del tratamiento. La instrucción verbal y la presencia del profesional de la salud en la administración de una medicación, por ejemplo analgésica, proporciona mayor alivio a los pacientes que su administración automatizada por infusión programada. Los profesionales sanitarios, al transmitir mensajes positivos sobre la medida terapéutica, consiguen disminuir la ansiedad, controlar la tensión arterial y aminorar el dolor de los pacientes. Estos hechos, no atribuibles a las propiedades farmacológicas del tratamiento, se explican a través de factores propios del encuentro clínico. La diferencia entre la administración de ambos tratamientos es la presencia o no del profesional de la salud, la manera en la que el clínico se dirige al paciente (mirada, expresión verbal y corporal), y, por supuesto, lo que dice. El contexto por tanto incluye las palabras, actitudes y comportamiento del profesional de la salud y la tecnología médica disponible. Por tanto el profesional de la salud puede inducir respuestas placebo durante el transcurso del encuentro clínico con una comunicación empática entre ambos. Además, una mayor dedicación al paciente unido a una escucha activa y una actitud positiva, durante el encuentro terapéutico, puede contribuir a una mejora de los resultados clínicos.

Las intervenciones placebo y el contexto en el que ocurren consiste en una serie de signos que son detectados y procesados por los pacientes. Estos signos son estímulos observables, verbales y asociativos, que transmiten información y pueden actuar como vehículos del efecto placebo. La evaluación cognitiva de un paciente acerca de un síntoma/enfermedad y el poder de las palabras, en un contexto de interacción entre un clínico-paciente, es de vital importancia en el desencadenamiento de efecto placebo, y el nocebo también. Consideramos que estos hallazgos plantean la cuestión de cómo los profesionales deben formular la información para que los efectos beneficiosos de los tratamientos se conserven y la probabilidad de producir efectos adversos se reduzcan al mínimo. Esta estrategia implicaría una reducción de los efectos adversos (y los costes) de los tratamientos y un mantenimiento de los beneficios terapéuticos. Los profesionales pueden manipular las expectativas del paciente durante su interacción, con mensajes positivos acerca de la medicación que están administrando, para potenciar sus efectos. Por otro lado, tienen que tener en cuenta las implicaciones clínicas del efecto nocebo para intentar minimizarlas en el entorno asistencial. La aparición de reacciones adversas no atribuibles a las propiedades farmacológicas, pero que el paciente asocie a éstas, pueden ser causa importante de incumplimiento terapéutico, de gastos innecesarios de medicamentos para contrarrestar los síntomas causados por el efecto nocebo o de aumento de las visitas a los hospitales o centros de salud.

A continuación, se propone una serie de puntos que pueden servir como guía en la práctica diaria de los profesionales de la salud, tras la realización de la revisión bibliográfica:

1. Sería necesario que los profesionales de la salud conozcan que sus actitudes e interacciones con el paciente afectan al resultado terapéutico.
2. Una presentación positiva de la intervención (farmacológica o de otro tipo), sin traspasar los límites éticos, puede influir positivamente en su efectividad.
3. El profesional de la salud intentará, en la medida de lo posible, dedicar mayor tiempo al paciente y facilitará la escucha activa. Durante el encuentro terapéutico, el profesional pondrá en práctica una comunicación empática y transmitirá una actitud positiva.
4. Será necesario que los profesionales de la salud identifiquen, en un contexto clínico, a los pacientes con ciertos rasgos de la personalidad como el pesimismo, la ansiedad y el neuroticismo. Es de vital importancia ya que afecta de manera negativa al resultado terapéutico.
5. Es importante que los profesionales de la salud conozcan que las enfermedades del lóbulo frontal (la enfermedad de Alzheimer, otras formas de demencias y lesiones de la corteza prefrontal), interfieren los mecanismos placebo inducidos por las expectativas.

Resumidamente hablaríamos de dos tipos de intervenciones:

1. Asesoramiento

- Informar al paciente acerca de su enfermedad y del funcionamiento y organización hospitalaria.
- Entrenar al paciente en todas aquellas habilidades de autocuidado que necesita poseer para asegurar la satisfacción de sus necesidades y fomentar su independencia.
- Proporcionar información al paciente y a la familia sobre las redes sociales a las que puede acudir en busca de ayuda.

2. Apoyo Emocional
   - Mantener una relación terapéutica que facilite la expresión de pensamientos y sentimientos, desvelando temores infundados y falsas concepciones.
   - Reforzar positivamente los comportamientos que conducen a una mejoría de las habilidades de autocuidado.
   - Fomentar la participación activa en todas aquellas actividades de autocuidado con el fin de fomentar la independencia y los sentimientos de autocontrol y control del medio.
   - Proporcionar técnicas de bienestar.

6.7. Referencias

Amigo, I., Fernández, C. & Pérez, M. (2003). *Manual de Psicología de la Salud.* Madrid: Pirámide.

Forés, A. & Grané, J. (2008): *La resiliencia. Crecer desde la adversidad.* Barcelona: Plataforma.

Mardarás. E (1980). *Psicoprofilaxís Quirúrgica. La preparación psicológica para las intervenciones quirúrgicas.* Barcelona: ROL.

Mucci, M. (2004). *Psicoprofilaxís Quirúrgica: una práctica en convergencia interdisciplinaria.* Buenos Aires: Paidós.

Nuñez, F. (1987). *Psicología médica.* La Habana: Pueblo y Educación.

Valdés, M. (2000). *Psicobiología de los síntomas psicosomáticos.* Barcelona: Masson.

Capítulo 7.

Psicología de los grupos humanos. Grupos de apoyo y autoayuda

7.1. Psicología de los grupos humanos

7.1.1. Definición y caracterización conceptual

Somos seres sociales y necesitamos de los otros para sobrevivir y desarrollarnos. Necesidades como las de seguridad física y psicológica o la de pertenencia y afecto, requieren o son mejor satisfechas en el seno de un grupo. En primer lugar, por nuestra seguridad, necesitamos contar con un ambiente predecible y equilibrado, sin peligros físicos y psicológicos, o en el que al menos estén controlados al máximo. En segundo lugar, los seres humanos necesitamos sentirnos integrados dentro de un grupo social (familia, compañeros), sentirnos reconocidos y recibir el afecto de sus miembros. Todos tenemos necesidad de apoyo, y lo conseguiremos con mayor facilidad y eficacia cuanto mayor sea la dimensión y sobre todo la calidad de la red social en la que nos encontremos integrados. Si nos sentimos inseguros o marginados difícilmente podemos abordar otras cuestiones. Y no cabe duda que sea en un contexto grupal donde mejor se pueden cubrir esos objetivos.

Desde el momento mismo de nuestro nacimiento, hasta el final de nuestra vida, voluntaria o involuntariamente, nos integraremos en numerosos grupos humanos. Algunos, como la familia, en el mismo instante de nuestra llegada al mundo. El grupo es el ámbito natural en la evolución de nuestra especie. Siempre hemos vivido en manadas más o menos sofisticadas. Y más allá del temperamento heredado, el grupo es el medio en el que se construye nuestra personalidad y se conforman nuestras creencias y actitudes, condicionando una determinada visión del mundo y los demás. Porque el grupo nos proporciona apoyo, reconocimiento, afecto, pero también nos exige cumplir con ciertas normas.

Combinando distintas fuentes, podemos definir un grupo como un conjunto de varias personas con conciencia de un nosotros y un objetivo común, que se relacionan cara a cara en la convicción de que unidos pueden alcanzar ese objetivo mejor que en forma individual, actuando de un modo cuasi unitario frente a su medio.

La variabilidad de nuestro comportamiento está sujeta a nuestra pertenencia a los distintos grupos y al rol que dentro de ellos desempeñamos, tal que el grupo media y/o modera la expresión de nuestra conducta. No por ello perdemos nuestra identidad, porque nuestra respuesta a estas modulaciones es también parte de nuestra propia identidad. Dicho de otra forma, actuamos de forma distinta cuando nos comportamos como miembros de uno u otro grupo que cuando lo hacemos a título individual, y adoptamos comportamientos diferentes dependiendo del rol que desempeñemos en el grupo en el que nos encontremos, sin renunciar a ser nosotros mismos en ningún momento.

Un mero conjunto de personas no es un grupo. El grupo implica:

- La conciencia entre sus miembros de compartir una identidad social común, de ser una unidad.
- El solapamiento, al menos parcial, de las metas individuales y los objetivos comunes.
- Un juego de interdependencias mutuas. La comunicación es frecuente y fluida y gran parte es relación directa, cara a cara.
- La existencia de algún grado de actividad coordinada.
- La existencia de una estructura fundamentada en el estatus, el desempeño de diferentes roles, la distribución del poder y la comunicación.
- La existencia de un conjunto de normas, explícitas o implícitas, formales

o informales, que regulan sus funciones.

- Contenidos de tipo simbólico: rituales, temas, mitos, estereotipos, etc.
- Cohesión, sentimiento de pertenencia y atracción hacia el grupo.

No obstante existen macro grupos donde puede no darse el conocimiento personal y el cara a cara de todos los miembros entre sí. Como puede ocurrir dentro de grupos étnicos, religiosos o de género, en los que sus miembros pueden no interactuar de forma habitual (muchos de ellos nunca lo harán), pero comparten un marco de referencia común, conciencia de identidad, normas y algún tipo de estructura.

Cuadro 1. *Características definitorias de grupo*

1. Los miembros del grupo comparten creencias. 2. Los grupos representan para sus miembros, una fuente de satisfacción de necesidades. 3. Los grupos dan identidad a las personas que los componen. 4. Las personas conforman o generan los grupos a los que pertenecen. 5. Los miembros realizan en alguna medida actividades coordinadas. 6. El grupo es una unidad que posee un conjunto de normas.

Los grupos influyen sobre las ideas y las conductas de las personas que los componen. Experimentos ya clásicos han demostrado, entre otras cosas, como la interacción dentro de los grupos tiende a crear normas que posteriormente interiorizan sus miembros, que el peso del grupo facilita el conformismo, que el grupo es un agente de cambio de actitudes, o que cuando se consigue que las personas se consideren miembros de un grupo se produce favoritismo endogrupal (las personas tratan de favorecer a los miembros de su grupo frente a los otros).

7.1.2. Clases de grupos.

En función del criterio utilizado los grupos se pueden clasificar en diferentes clases. Grupos primarios y secundarios:

- Grupo primario: de formación espontánea y pocos integrantes, se caracteriza por la interacción cara a cara y sin intermediarios. Cada miembro tiene una percepción individualizada de los otros. Salvo la familia, que no es elegida, surgen por afinidades y creencias comunes, actividades compartidas y similares edades, entre otros factores. Destaca la sólida identidad del *nosotros* y los fuertes lazos emocionales, cálidos e íntimos, de los que depende la cohesión. De hecho, gran parte de nuestro aprendizaje afectivo se produce dentro de este tipo de agrupamientos. Acogen, proporcionan seguridad y favorecen el yo individual, y sus componentes pueden mostrarse espontáneos, dar y recibir según sus deseos y necesidades, comunicar sus pensamientos sin temor a las posibles críticas y ser aceptados por los demás sin exigencias extremas. La familia es un buen ejemplo de grupo primario.
- Grupo secundario: puede formarse tanto espontánea como artificialmente y suelen ser tener más miembros que los primarios. Estos grupos están organizados en función de alguna meta a lograr o de un interés compartido, intereses que, a diferencia de los grupos primarios, no son tácitos o implícitos sino explícitos, conocidos por todos. Los grupos secundarios tienen una organización formal y suelen tener una ubicación específica para sus encuentros. La cohesión grupal depende de los objetivos compartidos y no de los lazos afectivos entre sus miembros. Los integrantes son conscientes de su pertenencia, se saben del grupo. Las relaciones que se

establecen entre sus miembros son racionales, contractuales, formales y no personales, por lo que evidentemente disminuye el tono afectivo y nivel de conocimiento e interacción entre los miembros. La interacción directa es menos frecuente, por lo que la comunicación precisa de elementos intermediarios.

Grupos de pertenencia y referencia:

- Grupo de pertenencia: son aquellos de los que formamos parte, con los que nos relacionamos habitualmente, aunque puede que no se acepten o se entre en relativo conflicto con sus normas, valores, opiniones... Los grupos de pertenencia son aquellos en que la persona se haya implicada a causa de haber nacido en uno de ellos (p.e. la familia) o a causa de una afiliación elegida (p.e. la escuela o un partido político). Una de las características principales de este tipo de grupos es que los integrantes del mismo presionan a sus miembros para que éstos adquieran los valores, creencias y actitudes que comparten.
- Grupo de referencia: son aquellos con los que la persona establece una mayor concordancia desde el punto de vista de las opiniones y la ideología. Los grupos de referencia son los que la persona elige para ser modelos a seguir, aunque puede no pertenecer a ellos. Por ejemplo, las bandas musicales como grupos de referencia de los adolescentes.

Grupos formales e informales:

- Grupos formales: aquellos que están estructurados de una forma organizada.

- Grupos informales: aquellos que carecen de estructura.

En muchos casos los grupos de pertenencia y referencia son los mismos; pero en otros, la persona, como dijimos, rechaza su grupo de pertenencia por entrar en conflicto con los valores que sostiene el grupo de referencia elegido.

Cuadro 2. *Tipología grupal*

	Estructura	**Duración**	**Número de Individuos**	**Relación entre individuos**	**Efectos sobre creencias y normas**	**Consciencia de las metas**	**Acciones comunes**
Muchedumbre	Muy débil	De minutos a días	Grande	Contagio de emociones	Irrupción de las creencias latentes	Débil	Apatía o acciones paroxísticas.
Banda	Débil	De horas a meses	Pequeño	Búsqueda de lo semejante	Fortalecimiento	Mediana	Espontáneas pero poco importantes para el grupo
Agrupamiento	Mediana	De semanas a meses	Pequeño, mediano o grande	Relaciones humanas superficiales	Mantenimiento	Débil a mediana	Resistencia pasiva o acciones limitadas
Grupo primario	Elevada	De días a años	Pequeño	Relaciones humanas ricas	Cambio	Elevada	Importantes, espontáneas e innovadoras
Grupo secundario	Muy elevada	De meses a decenios	Mediano o grande	Relaciones funcionales	Inducción mediante presiones	Débil a elevada	Importantes, habituales y planificadas

7.1.3. Estructura del grupo

Son variables estructurales: el estatus, el tipo de relaciones, los roles desempeñados, el liderazgo y la distribución del poder. La base sobre la que el grupo sustenta su identidad va a reflejar, sobre todo, los roles que desarrollan las personas del grupo y las pautas subyacentes de relaciones estables entre las personas del grupo.

Cuadro 3. *Elementos de la estructura grupal*

1. Status: valoración que hacen los miembros del grupo respecto de su posición y la de los demás. 2. Rol/papel/función: conjunto de conductas que se vinculan con una determinada posición en el grupo. 3. Normas: reglas que especifican las conductas aceptables y no aceptables en el grupo. 4. Poder y liderazgo: distribución del poder y toma de decisiones.

7.1.3.1. Tipo de relaciones

De acuerdo a la relación, la estructura puede ser:

- Formal: está constituida por la estructura intencional perfectamente definida y relativamente estable, que articula el funcionamiento del grupo con sus niveles de autoridad, reparto de tareas, responsabilidad, canales de comunicación establecidos, etc. Estas relaciones se planean de una forma explícita u oficial.
- Informal: es el conjunto de relaciones personales y sociales no establecidas por la dirección, no planificadas, sino que se producen espontáneamente cuando las personas interactúan entre sí. Amistades y antagonismos, individuos que se identifican con unos y que se alejan de otros, liderazgos espontáneos, etc. Viene a ser la estructura *oculta* del grupo, muchas veces no consciente, pero central. Determina la posición de la persona en el grupo y, en consecuencia, su situación personal, que determinarán, a su vez, sentimientos, percepciones, comportamientos de la persona.

Cuadro 4. *Comparación ente grupo formal e informal*

	Grupo Informal	Grupo formal
	Estructura	
1. Origen	Espontáneo	Planificado
2. Justificación	Emocional	Racional
3. Característica	Dinámico	Estable
	Rol	
1. Denominación	Función	Puesto
	Objetivos	
1. Orientación	Satisfacción	Rentabilidad o servicio
	Influencia	
1. Base	Personalidad	Posición/estatus
2. Tipo	Poder	Autoridad
3. Flujo	Ascendente	Descendente
	E. Mecanismos de control	
1. Tipología	Sanción física o social	Amenaza de despido o destitución
	Comunicación	
1. Canales	Clandestino	Formal
2. Redes	Mal definidas	Bien definidas
	Otras características	
1. Incluidas las personas	Sólo las aceptables	Todos los miembros del grupo de trabajo
2. Relaciones interpersonales	Surgimiento espontáneo	Prescrito por la descripción del puesto
3. Función de liderazgo	Derivado de la pertenencia	Asignado por la organización
4. Bases de interacción	Estatus personal	Posición u obligaciones del rol
5. Bases de apego	Cohesión	Lealtad

7.1.3.2. Estatus

Estatus es la posición que cada miembro, comparativamente hablando, ocupa dentro de un grupo y que conlleva una valoración. Hace referencia a la apreciación o admiración que el grupo manifiesta o siente hacia una componente del mismo en función del rol que desempeña, y más aún de como lo desempeña. El estatus es el valor de una persona tal como se le estima por parte del grupo, es el prestigio, la categoría, la admiración con que son vistos o evaluados por los demás. No depende, por tanto, de lo que uno es o cree ser o de lo que hace, sino de lo que los demás piensan que uno es y hace. En resumen podemos decir que el estatus individual depende siempre de cómo los otros lo perciben y lo evalúan. Un mayor estatus confiere un mayor impacto en las opiniones y decisiones grupales, otorga dominio de la situación.

7.1.3.3. Roles

Un rol es un conjunto de derechos, funciones, obligaciones y normas de conducta aprobadas para los individuos que están en una determinada posición. Los distintos roles se adquieren por aprendizaje social, pero se expresan de acuerdo a nuestra personalidad. Son expectativas aprendidas, y a medida que nos familiarizamos con nuestros roles, también lo hacemos con los de los demás. Los roles también se refieren al modo individual, personal, de comportarnos, de contribuir a la tarea y de relacionarnos con otras personas en el grupo. Los comportamientos que los caracterizan están influenciados por factores de personalidad y por comportamientos aprendidos.

El rol designa el modelo de comportamiento que caracteriza la posición de un miembro del grupo dentro de este. En este sentido el rol es el conjunto de conductas asociadas a una posición particular y también el conjunto de expectativas que los miembros del grupo comparten, relativas a la conducta de una persona que ocupa una posición determinada dentro del grupo. Los roles ayudan a aportar orden a la existencia grupal, dado que ayudan a predecir la conducta de los miembros. Un rol muy definido contribuye de forma importante a la identidad.

Se puede distinguir entre los formales (director, gerente, formador, técnico, etc.) y los informales (el *nuevo*, el *chistoso*, el *cotilla*, etc.). También se pueden diferenciar entre roles *relacionados con la tarea* y *los roles socioemocionales.* Los primeros se asocian a las tareas que el grupo tiene como objetivo e implican una división del trabajo entre miembros que facilita la consecución de las metas grupales. Los segundos se orientan a la satisfacción de las necesidades afectivas de los miembros del grupo.

Los roles van acomodándose a la situación grupal y se consolidan o van cambiando a lo largo de la vida del grupo. Es una realidad viva. A su vez los individuos pueden aceptar sus roles o vivirlos egodistónicamente. Cuando un miembro del grupo limita su comportamiento a un solo rol, se habla de especialización.

Existen diferentes tipologías referidas a los roles, de acuerdo a las cuales éstos se clasifican. Sin ánimo de exhaustividad y a modo de resumen, podemos hablar de: a) roles favorecedores de la integración y mantenimiento del grupo (socioafecivos), que contribuyen a crear un clima favorable para que el grupo se cohesione, funcione y sobreviva; b) roles que favorecen la tarea y proyectos del grupo y contribuyen a que el grupo programe y realice mejor sus objetivos, y; c) roles que obstaculizan el mantenimiento y la tarea del grupo y que se refieren a actuaciones que se realizan para satisfacer las propias necesidades.

También se puede hablar de rol esperado (conjunto de comportamientos que se esperan de un individuo), rol percibido (la conducta que el propio sujeto cree debe poner en juego) y rol actuado (las conductas que finalmente se ejecutan).

Cuadro 5. *Descriptores comportamentales de los roles*

Positivos:

- Crear la ideología, orientar al grupo hacia las ideas y temas centrales.
- Moderar, calmar, mediar y reducir las tensiones internas (separar ideas y sentimientos).
- Guardar la memoria histórica del grupo.
- Proporcionar información y recursos de valor para el grupo.
- Pedir explicaciones, precisar los términos y ayudar a la clarificación.
- Motivar y estimular la participación.
- Dinamizar, imprimir ritmo a la actividad del grupo, impedir el adormecimiento o la autocomplacencia.
- Mediar entre el grupo y su entorno.

Negativos:

- Boicotear, bloquear al grupo, cuestionar los métodos y replantear todo constantemente.
- Deprimir, desvalorarizar los esfuerzos del grupo, adoptar una visión pesimista.
- Ridiculizar, no tomar en serio la actividad en el grupo.
- Oponerse sistemáticamente, ir en contra.
- Dominar, agredir, intentar imponer ideas por la fuerza.
- Mostrar indiferencia, desapego.
- Ser chivo expiatorio o cabeza de turco.

7.1.3.4. Distribución del poder y liderazgo

La estructura de poder se constituye a partir del juego de influencias que cada persona tiene dentro del grupo y por la forma en que la autoridad se distribuye. Generalmente el poder lo detentan quienes poseen los recursos para satisfacer las necesidades de los otros, aquellos que pueden reforzar y/o castigar las conductas de los demás, o que cuentan con las aptitudes y conocimientos que los demás no poseen y que son necesarias para el cumplimiento de los objetivos del grupo. Pero además de estos criterios (tener recursos, manejar contingencias y poseer las habilidades) cuentan también las capacidades comunicativas y persuasivas y el cómo se es percibido por los otros y su estatus reconocido. Un líder natural es la persona cuya autoridad es reconocida sin imposición por el resto de miembros y al que todos respetan como tal.

La influencia de una persona sobre otra depende pues de:

- Rasgos personales: aptitudes, actitudes, personalidad. El liderazgo radica en la persona.
- Estatus: posición particular dentro del grupo conseguida por designación, elección, sucesión o apoderamiento del control. El liderazgo radica en el puesto y no en la persona.

Lo habitual es que ambos, rasgos personales y estatus, se combinen para dar lugar al líder. Dentro del liderato se puede hablar de diferentes estilos de liderazgo: autoritario, permisivo y democrático.

El liderazgo implica un proceso de influencia entre un líder y sus seguidores. Los líderes son agentes de cambio (personas cuyos actos afectan a otras personas más, que los actos de éstas les afectan a ellos). El liderazgo se da cuando un miembro del grupo modifica la motivación de los demás miembros, por tanto los líderes serán los más influyentes en cuanto al logro de los objetivos del grupo.

El líder autoritario, sea despótico o paternalista, toma todas las decisiones (directrices, reparto de tareas fines y medios) sin tener en cuenta las opiniones del grupo. Se impone su voluntad, obligando a los miembros del grupo a que adopten su punto de vista. No se permite la iniciativa ni se confía en los demás. En estas circunstancias el rendimiento del grupo es alto cuando el líder está presente y cae en la apatía e insatisfacción en su ausencia. La cohesión grupal puede ser un mero espejismo que desaparece con el fin del líder, llegándose a la agresión entre los miembros del grupo.

El líder permisivo, bonachón o indiferente, interviene poco o nada en la evolución del grupo. Éste se conduce sin ninguna orientación, esperando que espontáneamente se encuentren soluciones a las situaciones planteadas. Este tipo de liderazgo pasivo confunde al grupo. Sus miembros pronto adoptan actitudes individualistas y de escasa colaboración. El grupo rinde poco y no es improbable que se disgregue.

El líder democrático guía al grupo, propone objetivos y ofrece los medios para alcanzarlos, pero además escucha al grupo y negocia con sus miembros el reparto de tareas y funciones. Es capaz de delegar y confía en las posibilidades del grupo para resolver las situaciones que enfrenta. Estimula la participación de todos los miembros en la toma de decisiones, favorece su implicación y compromiso, y que asuman responsabilidades en todo el proceso grupal. Este tipo de liderazgo favorece la comunicación, la creatividad y la autonomía. En estas circunstancias el grupo es capaz de realizar las actividades y de mantener un rendimiento medio sin necesidad de la constante presencia del animador.

No siempre el liderato descansa en una persona, podemos hablar también de:

- Liderazgo distribuido: los miembros comparten el liderazgo según sus aptitudes y personalidad o en función de la etapa/momento que atraviesa el grupo.
- Grupo participativo o asambleario: a medida que aumenta la participación de cada uno de los miembros, desaparece la necesidad de muchas de las funciones que realizaba el líder único.

Existen, si nos atenemos a la forma de ejercitarlo, diversos tipos de poder tales como la coerción, la fuerza, la autoridad, la persuasión, la manipulación o la influencia. Son precisamente estos tres últimos los que interesa reseñar, dada su directa relación con la información.

Uno de los elementos claves de la sustentación del poder en el grupo es el control de la información. La información está ligada al poder, quien la posea en el grupo será la clase dominante, liderará. Esto a su vez creará una clase dominada o desinformada dentro del grupo, que ocupará una postura inferior. Se trata de controlar el fluir de la información al controlar los canales para su recepción y redistribución. El poder estará en manos de quien pueda cerrar o abrir las compuertas que detienen o facilitan que la información siga avanzando.

Se considera que la generación y/u obtención de información cubre los objetivos de:

- Reducir la incertidumbre incrementando o mejorando el conocimiento.
- Proporcionar contenidos fundamentales para la toma decisiones.
- Proporcionar criterios y claves para entender las circunstancias y el entorno.

¿Por qué la información es poder? Porque la falta, sobrecarga o adecuación de la misma, afectan a la toma de decisiones, a la formación de actitudes y al modo de orientar la acción. La manipulación, a través del control del flujo y calidad de la información, constituye una forma de poder en la que la obediencia se produce al carecer, quien ha de obedecer, de un conocimiento, bien de la procedencia, bien de la naturaleza exacta del porqué de lo que se pide. Controlando la información se nos induce a pensar y actuar de maneras sesgadas a los intereses del líder o clase dominante.

La concentración en unas únicas manos del control de la información constituye uno de los elementos más perniciosos (a lo que las TICS contribuyen enormemente) para su adecuado fluir. Si no se establecen medios de control efectivo y adecuado, se puede dañar de forma muy grave el sistema de información. Por mucho que se desarrollen modelos de información individuales no dependientes de sistemas grupales centralizados, ello no impedirá un control casi total del sistema de información por parte de unos pocos centros de poder.

Son sesgos posibles en el control del flujo informativo sobrerrepresentar o infrarrepresentar determinadas ideas, personas, hechos con el fin de manipular al grupo. Por ejemplo:

- Sobrecargar de informaciones atípicas (sucesos dramáticos, violentos o espectaculares) que no se corresponden con la realidad ordinaria con el objeto de magnificarlas.
- Obviar la presencia de determinados valores con el fin de presentarlos como minoritarios.
- Asociar siempre hechos que realmente no se presentan conjuntamente o al menos no de manera significativa o frecuente.
- Tratar favorable, a las ideas políticas, sociales o culturales más cercanas a las propias (o lo contrario).
- Una menor presencia o tratamiento diferencial, claramente desfavorable, de algún colectivo (mujeres, minorías, marginados, etc.).
- Mostrar una visión no plural y diversa de la realidad.
- Dar por sentados ciertos argumentos.

La influencia del grupo sobre el individuo adopta dos formas fundamentales: dependencia informativa y dependencia normativa. En el primer caso, cuando la respuesta del individuo ante situaciones nuevas es insegura o incierta, éste focaliza su mirada en el grupo, en la información que le aportan los demás miembros, a los que considera como mediadores válidos (instrumentos de percepción y de juicio) entre él y la realidad, adoptando las soluciones que le aportan en su repertorio conductual. No sé qué hacer, veo lo que hacen los demás, y adopto esa conducta como propia. En el segundo caso, la dependencia normativa, la persona adopta la postura del grupo por evitar conflicto o no ser rechazado, simplemente por llevarse bien con los otros. Se debe al ya comentado motivo básico de pertenencia. Los grupos buscan la uniformidad y rechazan al diferente. Aquel que se aparta del grupo es ignorado, rechazado, castigado o expulsado. Si me interesa seguir perteneciendo al grupo debo amoldarme a él, a sus normas.

7.1.4. Normas

Por normas grupales podemos entender pautas de conducta que regulan el comportamiento de los miembros de un grupo. En todos los grupos existen normas y el individuo debe integrarlas, en mayor o menor medida, para ser aceptado como miembro o mantenerse como tal.

Como otras características de los grupos, las normas pueden ser *formales y explícitas* (escritas en normas, reglamentos o leyes) o *informales e implícitas* (no escritas, pero sí acatadas por los miembros del grupo). Las normas son mecanismos conservadores cuyos objetivos son mantener el status quo y el curso que el grupo inicialmente haya adoptado. Más que prescribir conductas específicas (normas prescriptivas), las normas expresan los límites permitidos (normas proscriptivas) a la variabilidad de la conducta en un periodo determinado, ya que también son algo vivo que cambia a lo largo de la vida del grupo. Dependiendo de la importancia de la norma, los límites de conducta permisible son más o menos flexibles. Las normas sólo regulan aquellas conductas que afectan a la propia vida y objetivos del grupo y no a otro tipo de comportamientos que les sean ajenos. Las experiencias previas de los individuos contribuyen a la formación de las normas.

Para asegurar su cumplimiento y evitar violaciones o desviaciones, se precisa de un sistema de sanciones y recompensas, que, como las propias normas, puede ser de carácter formal o informal. Sanciones que serán acordes a la importancia que la norma tenga para el grupo. Las sanciones pueden ser concretas y explícitas, como en las sentencias ya codificadas para delitos y faltas en los códigos penal y civil, o pueden ser generales o implícitas, para aquellas desviaciones que afecten a otras esferas menores o más colaterales a los objetivos del grupo. En estos últimos casos el ridículo, el dar de lado o la burla pública, son suficientes.

7.1.5. Procesos grupales

Algunos de los procesos y dinámicas que se producen dentro de los grupos son: la cohesión grupal, la conformidad, la facilitación social, la holgazanería social y el pensamiento grupal.

7.1.5.1. La cohesión grupal

Hablar de *cohesión*, es hablar de las fuerzas que actúan sobre los miembros de un grupo para permanecer unidos a él, del proceso dinámico que refleja la tendencia de los miembros a permanecer juntos en la consecución de sus metas. Podemos hablar también de cohesión como el grado de unidad que muestran los integrantes del grupo. Un grupo cohesionado es una colección de individuos que actúan coordinadamente y mantienen relaciones mutuamente satisfactorias. Hablar de cohesión es hablar de solidaridad, camaradería, espíritu de grupo, etc. A mayor cohesión, mayor influencia grupo-miembro, pero también mayor participación en sus actividades, más lealtad, un nivel más alto de interacción, buena comunicación y un sentimiento de seguridad más intenso. En el polo negativo, mucha cohesión produce una pobre auto-crítica, sobrevaloración del sí mismos al tiempo que infravaloran las realizaciones de otros grupos (favoritismo endogrupal).

Varios son los motivos que hacen que las personas se sientan atraídas por un grupo, como la atracción interpersonal (proximidad, atractivo físico, semejanza actitudinal y reciprocidad), atracción hacia las actividades que el grupo realiza (disfrute de las actividades), atracción hacia los objetivos del grupo, atracción de la pertenencia grupal (p.e., por alto estatus), atracción hacia las recompensas que se consiguen formando parte del grupo (atracción instrumental).

7.1.5.2. Conformidad

La *conformidad* denota, por un lado, hasta que punto los miembros de un grupo social cambiarán su comportamiento, opiniones y actitudes para encajar con las opiniones mayoritarias del grupo y, por otro, el proceso de influencia social por el que una persona acata las normas propias del grupo.

El término *conformidad* es un fenómeno correspondiente a la influencia de los grupos y se considera como el resultado de la presión física o psicológica ejercida por el líder del grupo o por el propio grupo sobre sus miembros, bien por medio de procesos subconscientes, a través de una presión de pares manifiesta ó por premios y castigos.

El tamaño del grupo, la unanimidad, cohesión social, estatus social, compromiso previo y opinión pública, ayudan a determinar el nivel de conformidad que un individuo reflejará hacia su grupo.

7.1.5.3. Facilitación y deterioro social

La *facilitación social* es la tendencia que tienen las personas a ejecutar mejor *tareas simples*, las que han convertido en autónomas, cuando son observadas por otros (*efecto de la audiencia*), o cuando compiten con otros (*efecto del co-actor*). Sin embargo las *tareas complejas* a menudo son ejecutadas a un nivel inferior en estas situaciones. Dicho de otra manera, la presencia de otras personas favorece la realización de tareas bien aprendidas y automatizadas, mientras que empeora la realización de tareas difíciles o que no tenemos automatizadas (*deterioro social*).

7.1.5.4. Holgazanería social

La pereza u holgazanería social es la tendencia que tienen los individuos a disminuir su esfuerzo en un grupo cuando se comparte el trabajo y el rendimiento individual no se evalúa o no es apreciable o distinguible. La investigación demuestra que el esfuerzo individual disminuye en función del tamaño del grupo. Aunque en principio se explicó como una resultante de la dificultad de coordinar los diferentes esfuerzos y acciones, actualmente se explica por la actitud que se puede describir como «ya lo harán los demás» (el llamado Efecto Gorrón, Free-rider Effect), complementaria de la percepción de que otros miembros no se esfuerzan todo lo que pueden y que le lleva a decidir «no hacer el primo» (Efecto Pardillo, Sucker Effect).

Son algunas estrategias para hacerla desaparecer o disminuir:

- Identificar el esfuerzo individualmente y repartirlo de manera que todos estén implicados de manera clara y definida.
- Proveer de un sistema de evaluación que especifique el grado de

cumplimiento de manera individualizada.

- Encomendar tareas que motiven intrínsecamente a los componentes del grupo.
- Persuadir a los miembros de la importancia del esfuerzo personal en la culminación exitosa de la tarea.
- Establecer las circunstancias para que los miembros reciban un reconocimiento personalizado distinguible del grupal.
- Preferir los pequeños grupos a los grandes.

7.1.5.5. Pensamiento grupal

El pensamiento de grupo (groupthink) describe el proceso por el cual un grupo puede tomar decisiones erróneas e irracionales. En una situación de pensamiento de grupo, especialmente bajo alta cohesión, cada miembro del grupo intenta conformar su opinión a la que estima refleja el consenso del grupo (la presión hace que la búsqueda de consenso sea acuciante), haciendo caso omiso de la posibilidad de valorar objetivamente alternativas diferentes de acción. Así pues, el deseo del grupo de llegar a un consenso vence al deseo sensato de sus integrantes de plantear alternativas, criticar una postura o expresar una opinión impopular. Esto da lugar a una situación en la cual el grupo se pone de acuerdo en determinada acción que, paradójicamente, cada miembro individualmente considera desaconsejable. El concepto recalca los efectos perjudiciales en la eficiencia mental, la evaluación de la realidad y los juicios morales como resultado de la presión de grupo. Todos a una actúan de una manera concertada en la creencia de que el resto opina así, cuando en realidad nadie lo hace.

Cuadro 6. *Antecedentes, indicadores, síntomas y prevención del groupthink*

Condiciones antecedentes del *Groupthink*	Indicadores de *Groupthink*	Síntomas de decisiones afectadas por el *Groupthink*	Prevención del *Groupthink*
• Aislamiento del grupo. • Alta cohesión del grupo. • Liderazgo poderoso y persuasivo. • Ausencia de normas para activar procedimientos metódicos. • Alta homogeneidad en las ideologías y trasfondo social de los miembros. • Estrés situacional (muchas presiones externas para tomar una buena decisión).	• Ilusión de invulnerabilidad y complacencia. • Incuestionabilidad de la propia moralidad ("somos los buenos"). • Racionalización/justificación de las propias decisiones contra las alternativas. • Estereotipo negativo de los grupos oponentes. • Autocensura (evitación de auto-críticas). • Ilusión de unanimidad (sin voz discordante se piensa que la decisión tomada es unánime). • Presión a la uniformidad (no se acepta la discrepancia). • *Guardianes de la mente* que mantienen la ortodoxia grupal.	• Estudio incompleto de las alternativas. • Estudio incompleto de los objetivos. • Fracaso en el examen de los riesgos de la opción preferida. • Fallo al revalorar alternativas inicialmente rechazadas. • Búsqueda de información pobre. • Procesamiento subjetivo y tendencioso de la información. • Malogro en la realización de planes de contingencia.	• Explorar distintos objetivos y alternativas. • Fomentar el que las ideas se cuestionen sin que se produzcan represalias. • Examinar los riesgos que pueden surgir si se seleccionan la alternativa preferida por el grupo. • Recoger información relevante de fuentes externas. • Procesar toda la información e forma objetiva. • Contar con al menos un plan de contingencia.

7.1.5.6. Desindividuación

Los grupos pueden generar una gran activación y un sentimiento de identificación. Si esta activación/identificación se combina con la difuminación de la responsabilidad disminuyen las inhibiciones, abriéndose la posibilidad de cometer acciones que varían desde una ligera disminución del control hasta explosiones sociales destructivas. En ciertas condiciones de grupo es más probable que las personas abandonen las restricciones normales y pierdan su sentido de identidad individual para responder tan solo a las normas del grupo/multitud. Esto es lo que se denomina desindividuación o desindividualización.

Las personas desindividualizadas y con poca autoconsciencia tienen menos autocontrol, menos autorregulación y es más probable que respondan más a la situación sin pensar sobre sus propios valores. La autoconsciencia es lo contrario a la desindividualización. Las personas con un fuerte sentimiento de sí mismos, que se perciben como diferentes e independientes, muestran mayor consistencia entre sus conductas fuera y dentro de una situación grupal. Factores como el mayor tamaño del grupo, la falta de iluminación, el anonimato físico y las actividades excitantes y distractores, favorecen a la aparición de la desindividuación.

Las estallidos agresivos de las multitudes suelen estar precedidas por pequeñas acciones de subgrupos que acaparan la atención del resto y los activan. Gritos, carreras, cánticos, aplausos o danzas grupales sirven a la vez para excitar a la gente y reducir su autoconsciencia, sintiéndose cada vez más en comunión, creando el escenario idóneo para comportamientos más y más desinhibidos. Unos y otros se refuerzan haciendo lo mismo. Cuando vemos que otros actúan como nosotros, pensamos que sienten también de igual forma, reforzando nuestros propios sentimientos, lo que conduce a la realización de acciones impulsivas totalmente sumergidos en sincronía con el grupo. A posteriori, al reflexionar sobre lo hecho y recuperar la autoconsciencia, pueden aparecer los sentimientos de culpabilidad y vergüenza.

7.2. Grupos de apoyo y autoayuda

7.2.1. Concepto y delimitación de los Grupos de Apoyo y Autoayuda

La lógica y la justificación de la intervención grupal responden a lo ya dicho en el capítulo 5 dedicado a la comunicación y el apoyo social. Nos trasladamos de la dimensión inter-individual, presente en la relación diádica profesional de la salud-paciente, a la social dentro de un contexto grupal, básicamente por dos razones: a) profundizar en la eficiencia de nuestras intervenciones (mayor número de personas atendidas en menos tiempo); b) maximizar el beneficio terapéutico gracias al enriquecimiento derivado del aporte grupal (un grupo es más que la suma de sus miembros).

Los Grupos de Apoyo y Autoayuda (GAA) son herramientas fundamentales de eficacia relativamente contrastada para la promoción, prevención, tratamiento, recuperación e intervención en los múltiples ámbitos de la salud, así como en los procesos de interacción e integración de los usuarios en los programas y unidades asistenciales de las organizaciones socio-sanitarias. De ahí el crucial papel que desempeñan en las conductas de salud y enfermedad.

Los GAA se constituyen para crear un ambiente social acogedor donde gestionar y maximizar los recursos de sus miembros para afrontar una situación de cambio conflictiva o amenazante por cuestiones derivadas del deterioro de su salud por las que experimentan cambios vitales y sufren pérdidas (depresión, cáncer, mastectomías, cardiopatías, trastornos neurológicos, incapacidad laboral, aislamiento). La integración en estos grupos tiene especial interés cuando al persona carece de red social, o porque aquellas de la que forma parte no le proporcionan intercambios recíprocos, son excesivamente sobreprotectoras o controladoras. Estas intervenciones grupales cumplen una importante función en la adaptación psicosocial de estas personas, tanto en procesos agudos como crónicos, pero especialmente en estos últimos. La pertenencia a estos grupos proporciona a sus miembros apoyo emocional, informacional e instrumental, así como nuevos lazos y relaciones sociales, de modo que se amplían los recursos naturales o se compensan sus deficiencias en provisiones psicosociales mediante la interacción con personas que tienen problemas, carencias y/o experiencias comunes, enfatizando la responsabilidad personal de sus miembros.

En los GAA la problemática es compartida, los procesos de influencia social se potencian al máximo y la influencia interpersonal proporciona ayuda mutua y modelos positivos de comportamiento. Son grupos centrados en los iguales, no giran necesariamente alrededor de un líder o un profesional, y son capaces de devolver el sentido de control sobre la propia vida a sus miembros rompiendo los sentimientos de alienación. La experiencia común, los sentimientos similares y las soluciones compartidas es el núcleo central que distingue la autoayuda de otros intercambios. Desde esta perspectiva el grupo se utiliza como instrumento de acogida, apoyo, socialización y cambio, siendo valioso para todo tipo de contextos sanitarios.

Dos objetivos fundamentales se pretenden a través de estos grupos es:

- Desarrollar acciones orientadas al desarrollo personal y a la adquisición o recuperación funcional de las competencias personales y sociales, de autonomía personal, familiar y social.
- Facilitar información y apoyo psicosocial a las familias en lo que supone de orientación y alivio para sobrellevar la carga de la enfermedad.

Este tipo de grupos cumplen funciones en el contexto del apoyo social para los que participan de ellos, en la medida en que:

a) Promueven un *sentimiento de comunidad*: facilitando compartir y comparar con otros el problema, transformando la vivencia individual en social, ayudando a superar los sentimientos de aislamiento social. Lo que es especialmente importante cuando los problemas han sido estigmatizados por la sociedad más amplia. La declaración abierta de *desviación* se vuelve una declaración de comunidad, reduciendo los sentimientos de devaluación y alienación. El grupo activa un proceso que facilita el tránsito de la marginalidad a la integración.

b) Facilitan una *identidad social normalizada*: suscitando unos determinados valores sociales e ideología que proporcionan un significado a las circunstancias particulares, lo que constituye una especie de antídoto psicológico que ayuda a encarar el problema en la vida diaria.

c) Favorecen la *solidaridad mutua:* facilitando la toma de conciencia de su situación a través de la oportunidad para la confesión, la crítica mutua y la catarsis. Además los roles de ayudar y recibir son intercambiables, el que ayuda un día recibe otro día, tal que la ayuda es recíproca.

d) Proporcionan *modelos de rol*: exponiendo a los integrantes a las conductas positivas de los otros miembros, que sirven para aprender nuevos comportamientos, enseñando estrategias de afrontamiento para los problemas cotidianos. Especialmente en los GAA dirigidos por un profesional, cada uno de los miembros del grupo, en un proceso de identificación, substituyen su ideal del yo por el del líder (identificación vertical) y, a partir de esto, horizontalmente los miembros, al tener el mismo modelo como ideal del yo, se identifican los unos con los otros (identificación horizontal). Esto, además, incrementa la cohesión, ya que cada individuo a partir del vínculo libidinal formado con su líder, establece también un vínculo libidinal con los demás miembros.

e) Proporciona *apoyo emocional*: mediante la recompensa de las conductas deseables (refuerzos positivos), pero también a través de la comprensión y aceptación (retroalimentación y escucha activa). La experiencia de grupo provee calor, empatía, comprensión y estímulo. Es un sistema nutriente de pares y amigos que ofrece a sus miembros cuidado incondicional e interés.

f) Favorece el *intercambio de información*, consejo y educación: de forma directa o indirecta los distintos miembros, o en ocasiones expertos invitados, proporcionan información que ayuda al resto a mejorar sus capacidades de afrontamiento. Este efecto deriva en muchas ocasiones de las diferentes fases por las que los miembros están atravesando, tal que los nuevos se benefician de los aportes que los senior proporcionan.

g) Promueve sentimientos de *control, autoconfianza y autoestima*: al dar, y no sólo recibir, ayuda, al ser partícipes activos, corresponsables y adoptar formas nuevas de afrontamiento, los miembros del grupo incrementan los sentimientos de valía personal, su autoestima y adquieren mayor sensación de control sobre sus propias vidas.

h) Favorece la *reestructuración cognitiva*: al normalizar su experiencia en el acto de compartir y como consecuencia de ampliar las perspectivas y obtener visiones y soluciones alternativas. Compartir el problema común y contrastar visiones produce una alteración crítica y positiva de la autopercepción.

En definitiva proporcionan una red de relaciones sociales que reduce el aislamiento al que estaban sometidos y el sentimiento de estigma social que va asociado en muchas ocasiones a determinadas situaciones de enfermedad física o problema social, facilitando la adaptación a la nueva situación vital mediante el aprendizaje de nuevas estrategias.

A lo dicho se podría añadir la función de acogida. Ante determinadas situaciones inesperadas y/o graves (diagnóstico fatal, intervención quirúrgica), en la que la ansiedad y el miedo son mayoritarios, se hace necesario amortiguar el impacto provocado. El GAA permite acoger a las personas en dicha situación. Se trata de promover la contención puntual en ese momento de crisis aguda con el que los nuevos participantes llegan al grupo. En algunos casos se llega a diferenciar un tipo específico de grupo de ayuda orientado en exclusiva a esta función de contención denominado Grupo de Acogida.

Los GAA puede estar indicados tanto para personas que padecen directamente el problema como para personas relacionadas directamente con los que padecen el problema (familiares de toxicómanos, alcohólicos, enfermos mentales, etc.), tanto en situaciones crónicas (diabéticos, asmáticos, dializados), como en situaciones puntuales o de crisis vitales (cateterismo, intervenciones quirúrgicas menores).

7.2.2. Procesos explicativos de la eficacia de los GAA

La eficacia de los GAA deviene de una serie de procesos que forman parte de su dinámica. A continuación se revisan someramente.

Apoyo, catarsis e identificación, en diferentes combinaciones y énfasis, serían los tres mecanismos de curación de los GAA. El apoyo, metafóricamente conceptualizado como respaldo o bastón, sería el mecanismo imprescindible, a la par que sencillo, explicativo de la curación. Está ligado al propio vínculo humano caracterizado por el interés por el otro, la ayuda y la contención emocional. El contexto grupal favorece además la catarsis o abreacción, al facilitar acceder y expresar ciertos recuerdos ligados a estados emocionales contenidos y/o evitados, con la consecuente descarga emocional por medio de la cual un individuo se libera del afecto ligado al recuerdo de un acontecimiento traumático. Esto evita que este recuerdo se convierta en patógeno o siga siéndolo. Es básicamente un mecanismo de alivio psicológico. Por último estaría la identificación, de la que ya hablamos en el punto anterior. Simplemente subrayar ahora que, identificándonos, adoptamos las conductas y actitudes del modelo. Siendo éste un modelo de salud y equilibrio (algo exigible a un terapeuta o a un facilitador grupal) los miembros ganarán en salud y equilibrio.

Otra cuestión es que aquellas personas que ayudan son las que obtienen más ayuda, no sólo por el *principio de reciprocidad* (las personas no desean adquirir deudas con otras personas), sino porque ayudar a otros es ayudarse a sí mismo. Puesto que todos los miembros del grupo desempeñan ese rol en un momento u otro, todos se benefician de ese proceso. Este principio se explica basándose en cuatro beneficios que la persona al ayudar de forma efectiva puede experimentar: a) incrementa su *sentido de competencia*; b) obtiene una *igualdad* en el proceso de dar y recibir; c) adquiere valiosos *aprendizajes* individualizados; y d) obtiene *aprobación* y reconocimiento de las personas que reciben su ayuda.

Otra dimensión relevante es el hecho de que el propio proceso de persuasión deviene en *auto-persuasión*. En el proceso de persuadir al otro, el facilitador de ayuda tiene que persuadirse a sí mismo acerca de los diferentes problemas específicos que comparte con la persona ayudada. Pero además, la persona que ayuda se siente menos dependiente, al tratar su propio problema desde una *posición de observador* se distancia del mismo y, por último, obtiene un *sentimiento de utilidad* social al desempeñar ese rol.

Por otra parte, la persona que desempeña un rol particular tiende a cumplir las expectativas y requisitos de ese rol. Así, en un grupo de autoayuda la persona que asume el *rol de proveedor* de ayuda debe demostrar su dominio sobre una condición problemática (por ejemplo, desempeñando el rol de no adicto) adquiriendo por tanto las habilidades, actitudes, conductas y disposición mental apropiadas. Al realizar este modelado en beneficio de los otros miembros del grupo, la persona puede percibirse a sí misma de una nueva forma y, de hecho, puede llegar a apropiarse de ese rol.

Por otra parte, la persona que proporciona ayuda también obtiene apoyo a partir de la tesis implícita según la cual *debo estar bien si soy capaz de ayudar a otros*, además de sentirse recompensado por el hecho de ayudar a otra persona y reducir su sufrimiento. Además, el asumir el rol de figura de ayuda y apoyo puede funcionar como una fuente principal de *distracción*, alejando a la persona de sus propios problemas y reduciendo la excesiva preocupación acerca de sí misma. En cualquier caso, es importante tener en consideración las diferencias individuales, en el sentido de que unas personas obtienen mayor satisfacción que otras dando, ayudando, liderando, persuadiendo y cuidando a otras personas.

7.2.3. Creación y establecimiento de un GAA

Un grupo de autoayuda está compuesto por personas que comparten un mismo problema. La iniciativa de la creación puede provenir de los propios pacientes y/o allegados, de profesionales y de organizaciones. Estas personas se reúnen de manera periódica (idealmente mismo día y hora siempre) en un espacio propio (idealmente siempre el mismo) con vistas a poner sus esfuerzos con el común objetivo de, sino resolverlo, paliarlo, aminorarlo o enfrentarlo de la manera más eficaz y eficiente posible. El GAA debe ser gratuito.

Habitualmente son grupos abiertos, pudiendo entrar y salir componentes con frecuencia. No existe un número idóneo de componentes, pero aproximadamente oscilan entre ocho y doce personas. No obstante hay GAA mucho más numerosos. Algunos grupos se perpetúan largamente en el tiempo y otros tienen una vida efímera, bien porque el problema se supera, bien porque el grupo muere por inanición (falta de miembros) o por mala gestión (facilitadores torpes).

7.2.3.1. Para quién está indicado un GAA

En la actualidad son muchos y diversos los problemas que han encontrado en los GAA una vía efectiva de abordaje, mejora e incluso superación. La lista de problemas y hechos traumáticos susceptibles de ser tratados mediante un GAA, es extensa. Se podrían citar, por ejemplo, problemas de adicción y control de los impulsos, como el alcoholismo, el juego patológico, la adicción a las drogas, la adicción al sexo, el tabaquismo o los problemas con la alimentación (anorexia, bulimia). También resulta útil su aplicación en ciertos trastornos psicológicos como la ansiedad, las fobias o las depresiones, así como en hechos traumáticos (abuso sexual, violencia de género), y como no, a problemas médicos, como SIDA, cáncer, diabetes, etc. Los GAA no sustituyen los tratamientos médicos y/o psicológicos, los complementan.

Pero además, los GAA no sólo están indicados para los afectados directos por los problemas, trastornos y patologías citados, sino también para sus parejas, familiares e incluso amigos. Es decir, para los afectados indirectamente.

En general, un GAA tiene sentido cuando las personas, enfrentadas a una situación estresante, que amenaza su salud y/o integridad física y psíquica, apenas poseen red social o la que tienen es ineficiente para ayudar a abordar esta demanda concreta.

7.2.3.2. Formación e inicio

Un GAA suele surgir, bien de la iniciativa de uno o más afectados o allegados que detectan la necesidad y no se resignan a la pasividad, bien de los propios profesionales de la salud conscientes de ese vacío asistencial para determinados pacientes, o de asociaciones y organizaciones no gubernamentales de acción socio-sanitaria que incluyen este servicio en su cartera.

Como dijimos al inicio del apartado el GAA debe ser gratuito. Los costos deben ser financiados mediante otras fuentes distintas a los usuarios. Existen instituciones públicas con presupuesto para gastos sociales que podría subvencionarlo, amén de la obra social de las cajas de ahorro, donantes particulares, se pueden organizar campañas de recogidas de fondos, etc.

Los primeros pasos de su andadura incluyen la publicidad para captar miembros, el establecimiento de una sede y los horarios. Todo lo que ha de ser dado a conocer convenientemente.

Son variados los canales de comunicación posibles para dar a conocer la existencia del GAA. Sin ánimo de ser exhaustivos podemos mencionar cartelería y folletos, emisoras de radio y prensa local, Internet (redes sociales, sitios Web, mail), etc. Los propios sanitarios informados, pueden dar a conocer a los pacientes la existencia de este recurso. Desde los centros sanitarios, los centros de culto religioso, las asociaciones de vecinos e incluso los centros comerciales se puede distribuir y hacer accesible la información, en la esperanza de que los potenciales usuarios lleguen a tener conocimiento de este recurso.

7.2.3.3. Sede

La sede debe ser estable, tal que la ausencia a alguna/s sesiones no supongan al usuario no saber a dónde volver. A su vez la sede debe cumplir algunas condiciones:

- Fácil acceso (céntrico, bien comunicado, disponibilidad de aparcamiento).
- Capacidad suficiente adaptada al tamaño del grupo.
- Reservado y privado (que permita desarrollar las reuniones sin intromisiones ni interrupciones).

7.2.3.4. Tamaño

Hay que tener en cuenta que a medida que aumenta el tamaño del grupo, los niveles de participación de los miembros disminuyen de manera significativa. En un grupo grande el tiempo de que dispone cada miembro para intervenir es menor que en un grupo reducido y, además, ciertas personas se sienten más intimidadas y coartadas cuando forman parte de un grupo numeroso, dando lugar a que unas pocas personas acaparen las intervenciones frente al resto que mantiene una actitud más pasiva. Además, un grupo grande corre el riesgo de fraccionarse en subgrupos, rompiendo la dinámica de actuación global y unitaria que el grupo debe tener. El fraccionamiento y la pasividad pueden dar a su vez lugar a la falta de compromiso y la insolidaridad en algunos de sus miembros.

Por tanto y resumiendo, de manera práctica, los grupos por encima de 12 integrantes comienzan a ser difíciles de controlar, salvo para terapeutas avezados. Grupos más pequeños de 6 corren el riesgo de empobrecerse y morir. No siempre todos los miembros acuden a todas las reuniones, por lo que un grupo poco numeroso, puede dar lugar a sesiones casi vacías que desmotiven a continuar.

7.2.3.5. Duración y periodicidad de las sesiones

En general las sesiones de grupo duran de 1 a 2 horas, con un promedio de una hora y media. Lo importante es que el tiempo sea constante y no fluctué de una sesión a otra. Es esencial para que los componentes puedan organizar adecuadamente sus agendas y cumplir sus compromisos cotidianos. Además da un valor mayor al tiempo grupal, ya que ese, y no más, es el tiempo disponible para acometer el trabajo. El límite temporal ayuda a emplear más eficientemente el tiempo.

En ocasiones algunos grupos realizan sesiones maratonianas, como, por ejemplo, encuentros o talleres de fin de semana, en los que el grupo invierte una gran cantidad de horas trabajando. Normalmente se trata de talleres específicos para la consecución de unos determinados objetivos que se facilitan por la intensidad del encuentro y un cierto aislamiento de los miembros del grupo de su entorno habitual. No es la norma sino la excepción.

Lo más habitual es que las reuniones sean semanales o quincenales, aunque con el tiempo, y dependiendo de las necesidades y los logros, también puede sufrir modificaciones.

7.2.4. Funcionamiento de un grupo de ayuda mutua

7.2.4.1. Coordinación

Los grupos de ayuda mutua pueden estar moderados o dinamizados por un profesional, o bien funcionar por sí solos, con un coordinador surgido entre los propios miembros. Se suele denominar a esta figura el *facilitador*.

El facilitador/coordinador es el organizador del grupo, por tanto propone tiempos, horarios y lugar de actividades. Fomenta y apoya las relaciones en libertad entre los miembros el grupo, la aceptación mutua sin prejuicios, ayudándoles en la búsqueda de nuevos modos de comportamiento. Es el mediador entre los miembros y los objetivos y tareas propuestos en el grupo. Intentará que el grupo camine siempre hacia las metas y se pierda nunca en caminos estériles.

El facilitador debe regular los flujos comunicativos, dar y quitar la palabra, evitar círculos viciosos y espirales depresivas. Animar y motivar la participación de los más tímidos y controlar los excesos de protagonismo y verborrea de los acaparadores. Debe ofrecer suficiente libertad a los miembros desde una estructura de contención que fomente la seguridad grupal, y que tenga plena confianza en la retroalimentación de los miembros entre sí y con el grupo.

El facilitador dispone de cierta autoridad y debe usarla con medida. Pero también tener en consideración que en el grupo pueden emerger líderes y subgrupos con su propio líder. Necesita comprender el poder que detenta en el propio grupo y canalizarlo, evitando sabotajes.

El facilitador debe, de cuando en cuando, recordar la normativa grupal, y, si es necesario, debatirla, actualizarla y consensuarla para su aprobación en función de la evolución grupal.

Es también trabajo fundamental del facilitador fomentar el sentido de pertenencia y la cohesión grupal. Cuanto más cohesivo es el grupo más se puede influir sobre sus miembros. La cohesión o pertenencia no cura por sí misma, pero si facilita la asistencia, la estabilidad, la expresión y el comportamiento social adaptativo (tolerancia, respeto, solidaridad, empatía). A semejanza de lo que se dice para los terapeutas, los facilitadores más eficaces son los que estimulan moderadamente las interacciones dentro del grupo, al que dejan suelto pero bajo control, son cuidadosos con cada miembro y les ayudan a lograr comprensión sobre lo que les pasa y lo que pasa en el seno del grupo. Y en este mismo sentido serían cualidades básicas del terapeuta aplicables al facilitador: a) ser optimista con las posibilidades sanadoras del trabajo grupal, resistiendo momentos negativos y retrocesos; b) ser espontáneo, ser sensible a los propios sentimientos y expresarlos con libertad; c) ser flexible, comprender y aceptar valores y actitudes distintas a las suyas; d) tener sentido del humor y hacer uso de él para sacar al grupo de situaciones de tensión y dificultad.

Los integrantes aportan al grupo, desde el inicio de su andadura, distintos roles. Comportamientos ante los que el facilitador deberá adoptar determinadas actitudes y estrategias para manejarlos eficazmente (ver Cuadro 7):

Cuadro 7. *Gestión del facilitador de los distintos roles grupales*

Tipo	Características	Manejo
Combativo	Agresivo, desconfiado, a menudo pierde la objetividad.	No desconcertarse y conservar la objetividad. Pedir al grupo que discuta sus agresiones.
Positivo	Motivado, ve todo desde una perspectiva positiva y, por lo general, está alegre.	Aprovechar su energía positiva para el grupo, pero evitar concentrarse únicamente en él.
Sabihondo	Cree saber de todo, expresa su opinión abiertamente sin autocrítica ni fundamento.	Tener el valor de contradecirlo cuando sea necesario. Evitar que sea el único que habla.
Hablador	Dicharachero, se sale del tema con facilidad. Con frecuencia es el causante de las risas.	No permitir que se le vaya de las manos. Asignarle una tarea en la que tenga que concentrarse.
Retraído	No expresa opiniones propias. Es muy callado y poco participativo.	Hacerlo hablar dirigiéndose a él directamente; hacer actividades en las que todos tengan que expresarse (cuestionario en tarjetas, *brainstorming*, etc.).
Opositor	Se muestra contrariado y siempre negativo, duda de todo.	No ignorar porque, por lo general, se extrema. Se debe analizar y mantener ocupado. Invitarle a expresarse en positivo (En vez de *no quiero..* que diga *quiero...*).
Desmotivado	Llega tarde, se muestra desinteresado, se va antes, hace otras cosas, mira el reloj.	Intentar integrarlo, asignarle tareas claras y preguntarle cuáles son sus necesidades. Puede convertirse en un aliado.
Prepotente	Necesita confirmar su ego, mostrar que es importante. Con frecuencia, también puede diseminar temor cuando, de hecho, ocupa una posición superior.	Incluirlo a través de su *importancia*, pero establecer límites y no darle demasiado espacio para actuar.
Inquisitivo	Hace muchas preguntas específicas con las que puede generar discusiones, pero también inquietud y división dentro del grupo.	Prepararse bien y no permitir que transmita inseguridad ni que nos aleje del tema central. Señalar la necesidad de que siga planteando sus preguntas durante el receso o al cierre, para que el grupo pueda seguir adelante.

7.2.4.2. Normas básicas de funcionamiento

Antes de la incorporación efectiva al grupo, todos los miembros deben aceptar y comprometerse en el cumplimiento de una normas mínimas de comportamiento. Estas reglas básicas tienen por objetivo establecer la confianza necesaria para sentirse seguros a la hora de compartir sentimientos y experiencias.

En este sentido, y sin menoscabo de que cada grupo pueda enriquecer y adaptar estas recomendaciones, las normas mínimas serían:

- *Confidencialidad*: toda las discusiones del grupo y toda la información acerca de sus miembros no pueden salir del grupo.
- *Apertura*: el apoyo de todos para todos se aporta sin juzgar ni criticar a los demás.
- *Aceptación*: nadie es perfecto, acogemos a los demás tal y como son.
- *Igualdad*: nadie es más que el otro y todos somos iguales.
- *Compromiso*: con la participación, los objetivos y la tarea común.

7.2.4.3. Dinámica típica de una sesión

Los participantes se ubican en círculo. Esta posición facilita que todos los miembros se puedan ver cara a cara y es imprescindible para captar la riqueza no verbal de la comunicación.

En un primer momento el grupo se centra en el aquí y ahora. El facilitador gestiona el uso de la palabra. Cada participante expresa al grupo como se encuentra y cuenta los hechos significativos (y relevantes a la tarea y objetivos del grupo) que le han acontecido desde la sesión previa, así como el grado de cumplimiento de las tareas que se hubieran encomendado (si fuera ese el caso). Se produce un intercambio en el que se reconocen (refuerzo positivo) los avances, se proporciona ánimo y comprensión (empatía) ante las frustraciones, se escucha con interés y apertura, se da retroalimentación, y se ofrecen ideas y alternativas. Se trata de facilitar, entre otras cosas, la ventilación, la abreación y la catarsis.

En un segundo momento el facilitador expone un tema concreto a tratar, que puede ser en ese momento elegido por todos de una lista, que responda a una inquietud actual que algún miembro proponga, o que está acordado en la sesión previa. Estos temas, dado el carácter abierto de los grupos y la incorporación de nuevos miembros de manera frecuente, pueden ser recurrentes cada cierto tiempo. Planteado el tema por el facilitador, el grupo debate y cada miembro (a poder ser sin exclusión) aporta experiencias, ideas y afectos. La asimetría vivencial de los participantes tendrá un doble efecto. De un lado los más experimentados transmitirán conocimientos de los que los noveles carecen, y éstos últimos, menos quemados, transmitirán nuevas energías y motivarán al grupo. Todos, pues, se enriquecerán.

Aunque cada problema tendrá sus propias peculiaridades, en general, la esencia del grupo consiste en verbalizar y compartir el problema. Así se adquiere consciencia del mismo y se generan nuevas ideas que abren perspectivas que anteriormente ni se intuían. Compartir la experiencia es curativo en sí mismo, pero la comunicación en el grupo también puede servir para que cada integrante comparta las herramientas de las que se ha servido para enfrentarse al problema, lo cual es de gran utilidad para el grupo, incentivando una búsqueda compartida de nuevos recursos.

Otro factor de gran relevancia es el apoyo del resto de los participantes. Interiorizar que no se está solo en la lucha y que tanto los comportamientos como las secuelas asociados a un problema son parecidos, actúa como un resorte motivador cuyos resultados ya se manifiestan en las primeras reuniones.

Las reuniones suelen ajustarse tanto a las necesidades como a las posibilidades de quienes participan en el grupo. No existen reglas fijas, más allá del respeto, la confidencialidad y el compromiso ya mencionados. La flexibilidad es importante para lograr la cohesión del grupo.

En este segundo momento es donde cabe, para alguna sesión así acordada, la presencia de invitados especialistas que van a ilustrar al grupo sobre algún tema de su interés.

En un tercer momento el grupo lleva a cabo un resumen y evaluación de la sesión, y puede proponer tareas y compromisos para la siguiente sesión.

A veces los grupos incluyen en su dinámicas tareas sistemáticas, como, por ejemplo, acabar todas las sesiones con humor (contar chistes, anécdotas graciosas, etc.), o con una sesión de relajación, de manera que la despedida se haga siempre en positivo.

Cuando en un grupo todos sus miembros empiezan desde cero y de manera simultánea, es necesario una o dos sesiones para formación y construcción de lo grupal. Sobre todo, es el tiempo para conocerse, pues hay inseguridad y hace falta generar confianza, propiciando el desbloqueo o *deshielo,* definiendo el marco de las relaciones y el modo de organizarse.

Cuando se produce un nuevo ingreso en un grupo ya conformado y en marcha, hay que dedicar una atención especial a ese nuevo miembro para integrarlo. Es necesario previamente, y antes de su primera sesión de grupo, transmitirle la información necesaria sobre las normas, los horarios, los objetivos, etc., del grupo al que se va a incorporar. En su primera sesión los demás miembros se presentarán y le darán la bienvenida, tras lo que él/ella se presentarán a su vez. No se le presionará a participar, hasta que se le vea cómodo y haya desarrollado una confianza básica en el grupo.

7.3. Papel del profesional sanitario en los GAA

La implicación del profesional de la salud en los GAA puede ser diversa.

Puede ser tan superficial como la de simplemente conocer la existencia de determinados GAA e indicarlo a aquellos pacientes que valore podría beneficiarse significativamente de ellos, hasta la más profunda de ser él el que coordine el grupo de principio a fin, participando como facilitador en todas sus sesiones, y habiendo incluso partido de él la iniciativa de su creación.

En general el sanitario suele tener un papel más protagonista en los inicios de un grupo para posteriormente, en la medida en que el grupo se hace autónomo y funciona de manera independiente sin él, irse *desvaneciendo*. Aunque el sanitario siempre permanecerá en la sombra dispuesto a retomar, cuando sea necesario o se le requiera, un apoyo más explícito y directo al grupo. Su presencia y guía será máxima en las primeras sesiones constitutivas y de trabajo, para posteriormente quedar relegado a un segundo plano en cuanto surja un coordinador/facilitador de entre los propios miembros del grupo, para finalmente acudir puntualmente como experto o quedar como asesor externo, momento en el que el grupo se autogestionará totalmente.

Por tanto una de sus funciones podrá ser también la de formador de formadores. En ese sentido deberá tener un dominio técnico y experiencia real en dinámica de grupos para, no sólo guiar al GAA, sino formar a los futuros facilitadores que surjan de sus propias filas.

7.4. Referencias

Alzheimer´s Disease International (2000). Como empezar un grupo de auto-ayuda. London: Alzheimer´s Disease International.

Anzieu, D. & Martín, J.Y. (1971). *La dinámica de los grupos pequeños.* Buenos Aires: Kapelusz.

Asch, S.E. (1952). *Social Psychology.* Englewood Cliffs, NJ: Prentice Hall.

Barrón, A. (1996). *Apoyo social. Aspectos teóricos y aplicaciones.* Madrid: Siglo XXI.

Barrón, A., Lozano, P., & Chacón, E. (1988). Autoayuda y apoyo social. En A. Martín, E. Chacón & M. Martínez (Eds.), *Psicología comunitaria* (205-225). Madrid: Visor.

Campuzano, M. (1996). Grupos de autoayuda y psicoanálisis grupal. *Addictus, 12,* 24-30.

Deutsch, M., & Gerard, H. B. (1955) A study of normative and informational social influences upon individual judgment. *Journal of Abnormal and Social Psychology, 51,* 629-636.

Domenech, Y. (1998). Los grupos de autoayuda como estrategia de intervención en el apoyo social. *Alternativas. Cuadernos de Trabajo Social, 6,* 179-195

Festinger, L., Pepitone, A., & Newcomb, T. (1952). Some consequences of deindividuation in a group. *Journal of Social Psychology, 47,* 382-389.

Forsyth, D. R. (2010). *Group dynamics* (5thed.). Belmont, CA: Wadsworth Cengage Learning.

Gartner, A. & Riessman, F. (1977). *Self-help in the human services.* San Francisco: Jossey-Bass.

Gartner, A. & Riessman, F. (Eds.) (1984). *The self-help revolution.* New York: Human Sciences Press.

Gergen, K.J. & Gergen, M.M. (1986). *Social Psychology*. New York: Springer-Verlag.

Gil, F., García, M., & Alcover, C. M. (1999). Procesos implicados en el rendimiento grupal. In F. Gil, & C. M. Alcover (Eds.), Introducción a la psicología de los grupos (pp. 223-249). Madrid: Pirámide.

Gilbert, J, (1997). *Introducción a la sociología*. Santiago de Chile: LOM ediciones.

Gracia, E. (1996) ¿Por qué funcionan los grupos de autoayuda? *Información Psicológica, 58,* 4-11.

Gracia, E. Herrero, J. & Musitu, G. (1995). *El Apoyo Social*. Barcelona: PPU.

Gray, L.J. & Stark, A.F. (1984). *Organizational Behavior: Concepts and Applications.* Columbus: Charles E. Merrill Publishing Company.

Janis, I. L. (1972). *Victims of groupthink*. Boston: Houghton Mifflin.

Janis, I.L. (1987). Pensamiento grupal. *Revista de Psicología Social, 2,* 125-179.

Kerr, N. L. (1983). Motivation losses in small groups: A social dilemma analysis. *Personality and Social Psychology, 45,* 819-828.

Lahey, B.B. (1999). *Introducción a la psicología*. Madrid: McGraw Hill.

Latane, B., Williams, K. y Harkins, S. (1979). Many hands make light the work: The causes and consequences of social loafting. *Journal of Personality and Social Psychology, 37,* 823-832.

Lavoie, F. (1990). Evaluating self-help groups. En J. M. Romeder (Ed.), *The self-help way: Mutual aid and health*. Ottawa: Canadian Council on Social Development.

Levine, M. y Perkins, D. V. (1987). *Principles of community psychology: Perspectives and applications*. Oxford: Oxford University Press.

Levy, L. H. (1979). Processes and activities in groups. En M. A. Lieberman y L. D. Borman (Eds.), *Self-help groups for coping with crisis: Origins, members, processes, and impact*. San Francisco: Jossey-Bass.

Lieberman, M. A. (1979). Analyzing change mechanisms in groups. En M. A. Lieberman y L. D. Borman (Eds.), *Self-help groups for coping with crisis: Origins, members, processes, and impact.* San Francisco: Jossey-Bass.

Lieberman, M. A., Yalom, I. D. & Miles, M. B. (1973) *Encounter Groups. First facts.* New York: Basic Books.

Llor, B., Abad, M.A., García, M. & Nieto, J. (1995). *Ciencias Psicosociales Aplicadas a la Salud.* Madrid: McGraw Hill.

Martínez Taboada, C. & Palacín, M. (1997). Grupos, bienestar social y calidad e vida. En M.P. Gónzalez. *Psicología de los grupos: Teoría y aplicación.* Madrid: Síntesis.

Maté, M. d. C. O., González, S. L., & Trigueros, M. L. A. (2010, November 23). *La desindividualización.* Disponible en: http://ocw.unican.es/ciencias-de-la-salud/ciencias-psicosociales-i/materiales/bloque-tematico-iii/tema-8.-los-grupos-1/

Medvene, L (1990). *Selected highlights of reserch on effectiveness of self-help groups.* Los Angeles, CA: University of California, California Self-Help Center.

Menéndez, F.J. (1980). *Ciencias de la Conducta.* Madrid: U.N.E.D.

Morales, J.F. & Huici, C., (1994). Procesos Grupales. En J. F. Morales (Coord.), *Psicología Social,* (pp. 685-759), Madrid: McGraw-Hill.

Myers, D. G. (1987). *Psicología social.* Madrid: Panamericana.

Myers, D. G. (2004). *Exploraciones de la psicología social.* Madrid: McGraw Hill.

Ondraschek, R. (2005). *Moderation.* Frankfurt: Bund-Verlag GMBH.

Riessman F. (1965). The "helper-therapy" principle. *Social Work, 10,* 27-32.

Rodríguez Marín, (1995). *Psicología Social de la Salud.* Madrid: Síntesis.

Sadock, B.J. (1989). Psicoterapia de grupo, psicoterapia individual y grupal combinada y psicodrama. En H.I. Kaplan y B.J. Sadock (eds.), *Tratado de Psiquiatría*, (pp. 1397-1421). Barcelona: Masson-Salvat.

Shaw, M.E. (1979). *Dinámica de Grupo. Psicología de la conducta de los pequeños grupos.* Barcelona: Herder.

Sheriff, M. (1936). *The psychology of social norms.* New York: Harper.

Skovholt, T.M. (1974). The client as helper: A means to promote psychological growth. *Counseling Psychologist, 4,* 58-64.

Tajfel, H. (1978). Social categorization, social identity and social comparison. En H. Tajfel (ed.), *Differentiation between social groups: Studies in The Social Psychology of Intergroups Relations* (pp.27-60). Londres: Academic.

Trojan, A. (1989). Benefits of self-help groups: A survey of 232 members from 64 disease-related groups. *Social Science and Medecine, 29,* 225-232.

Vendrell, E. & Ayer, J. C. (1997): Estructuras de grupo. En M. P. González (ed.), *Psicología de los grupos: teoría y aplicación* (pp. 103-140). Madrid: Síntesis.

www.ingramcontent.com/pod-product-compliance
Ingram Content Group UK Ltd.
Pitfield, Milton Keynes, MK11 3LW, UK
UKHW041431210726
13854UKWH00010B/1864

9 788461 657957